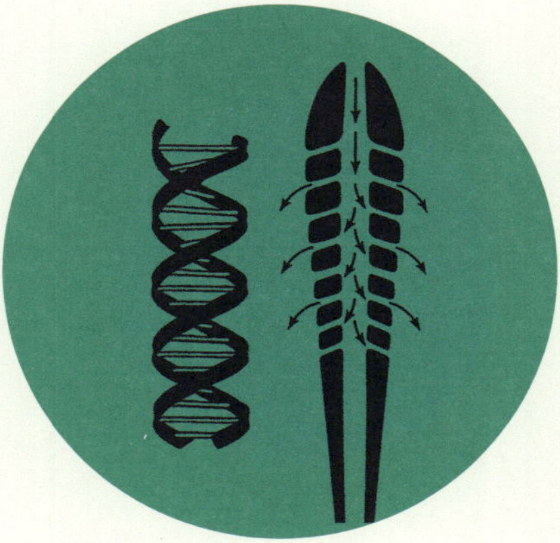

THE PONY FISH'S GLOW

진화의 미스터리

SCIENCE MASTERS

THE PONY FISH'S GLOW

by George C. Williams

THE PONY FISH'S GLOW

진화의 미스터리

조지 윌리엄스가 들려주는
자연 선택의 힘

조지 윌리엄스
이명희 옮김

단순한 진화 과정에 대한 복잡한 이야기

이 책의 원제는 "주둥치의 발광(The Pony Fish's Glow)"이고 부제는 "자연에서의 목적과 계획에 대한 증거들(Clues to Plan and Purpose in Nature)"이다. 그러나 이 책은 자연에서의 목적과 계획에 대한 증거들을 제시하고 있는 것이 아니라 자연에는 목적과 계획이 없음을 역설하고 있다. 그것을 강조하기 위해 부제를 모순적으로 붙인 것이다. 이러한 원서가 가진 제목의 느낌을 살리면서 우리 독자들에게 좀 더 쉽게 다가가기 위해 한국어판 제목은 반어법을 사용해 "진화의 미스터리"라고 했다. 진화는 미스터리가 아니기 때문이다. 진화는 적응과 자연 선택이라는 명확한 논리, 확고한 인과율에 의해 진행된다. 그렇게 단순한 법칙의 반복을 통해 생명계는 끊임없이 변하며 오랜 세월 엄청나게 다양한 생물들을 창조해 냈다. 그런데 가장 적응적인 개체가 자연 선택되는 과정을 통해 생물이 진화한다라고 한다면 39억 년이라는 엄청난 진화 역사를 거쳐 온 결과인 현재의 생물들은 거의 완벽에 가깝지 않을까 하는 생각이 들기도 할 것이다. 그런 오해를 가지고 보면 자연에는 우리의 추측에 맞지 않는 비합리적이고 설명하기 힘든 수수께끼들이 널려 있고, 생명의 진화는 불가사의한 미스터리로 생각된다. 저자는 이 책에서 현재 진화론과 관련하여 진행되고 있는 주요 논의들을 거의 대부분 다루면서 진화에 대해 일반인, 그리고 생물학자들까지도 잘못 알고 있는 많은 오해들을 풀어 나간다.

조지 윌리엄스(George C. Williams)는 현재 스토니브룩 뉴욕 주립 대학교의 '생태학과 진화학'과 교수인데, 그가 1966년에 쓴 『적응과 자연 선택(*Adaptation and Natural Selection*)』은 리처드 도킨스(Richard Dawkins)를 비롯한 진화학자들에게 가장 큰 영향을 준 중요한 책으로 평가되고 있다. 이 책에서 윌리엄스는 자연 선택을 받는 것이 개체인지 집단인지에 대한 그간의 설왕설래를 그의 명석한 논리와 글솜씨로 깨끗이 종료시키고 자연 선택은 개체에, 나아가서 개체의 유전자에 작용한다고 못 박았다. 윌리엄스는 생물의 모든 특성은 궁극적으로 적응으로 설명할 수 있다고 믿는 적응주의자이다. 이에 대해 진화학계의 이단아 스티븐 제이 굴드(Stephen Jay Gould)는 생물의 적응과 자연 선택 개념은 생명 현상이라면 무엇이나 설명해 내는 만병통치약 같다고 꼬집었다. 생물학자들이 생물학적 사실을 설명할 때 해야 할 일은 단지 그 특성이 그 생물에게 이로울 것이라고 전제하고 어떻게 이로운가만 찾아내면 된다는 것이다. 이에 대해 윌리엄스는 현재 생물들이 그렇게 된 데는 반드시 합당한 이유가 있다고 믿는 것은 적응주의가 아니라고 반박하며, 진화는 목적도 없고 장기적 계획을 세워 일어나는 게 아니며, 어떤 특성이 당장의 생존과 번식에 이득이 되면 무슨 대가를 치르고서라도 선택되기 때문에 결과적으로 생물에서 불합리한 구조들이 생겨난다고 누누이 강조한다.

자연계의 생물들이 보이는 적응은 기능적이고 정교하기만 한 것이 아니다. 윌리엄스는 오히려 진화적 적응이 가져다준 불완전하고 불합리하고 시행착오적이기까지 한 신체를 가지고 살아가야 할 운명에 처한 생물들의 예를 많이 소개한다. 또한 이 책은 자연 선택에 대한 도덕적 고찰과 자연 선택의 철학적 의미까지 담고 있다. 자연 선택은 생물의 단기적 이기심을 최대화한다. '자연 선택은 비도덕적'이라는 그의 견해는 과학 논문 역사상 가장 획기적인 제목으로 알려진 『자연은 사악한 마녀(*Mother Nature is Wicked Old Witch*)』에 처음 발표되었다. 그는 우리에게 자연 선택의 비도덕성, 혹은 무자비함을 우리의 지혜를 써서 극복해야 한다고 위로한다. 보통의 과학자들이 자신의 연구 주제가 가진 철학적, 사회적, 윤리적 의미 등에는 관심을 두지 않는 탓에 진화론의 대가 윌리엄스의 견해를 듣는 일은 이 책이 주는 특별한 혜택이다.

그동안 생물학자들은 아무리 생명의 역사가 오래되고 진화의 시간이 충분했다 하더라도 그렇게 느린 자연 선택에 의해 과연 생명계의 무한한 복잡성과 다양성이 진화될 수 있었을까 의심하였다. 그러나 오늘날 자연 선택의 효과는 우리가 직관적으로 생각한 것보다 훨씬 막강함이 실험적으로 훌륭하게 증명되었다. 예를 들어 빛에 민감한 작은 세포 덩어리만 있으면 40만 년 만에 그것을 척추동물의 눈으로 진화시킬 수 있음이 스웨덴 학자들에 의해 컴퓨터 모의실험으로 증명되기도 하였다(진화는 한 과학자의 일생보다 훨씬 긴 시간 틀에서 일어나기 때문에 실제 실험은 애초에 불가능하다. 간접적으로 화석을 조사하거나 주요 생체 분자의 생화학적 연관성 등을 조사한다.). 따라서 역설적이게도 오늘날 생물학자들은 오히려 생물들이 왜 그렇게 느리게 진화하는지, 즉 무엇이 진화를 막고 있는지 연구하고 있다. 자연 선택이 진화의 파노라마를 만들어 낼 수 있는가를 의심하는 게 아니라 자연 선택이 현재의 표현형을 안정되게 유지할 수 있는가를 염려한다는 뜻이다. 오늘날 일어나는 대부분의 돌연변이는 해로운 것으로 알려져 있으므로 자연 선택은 적자를 선택하는 것보다 부적자(the unfit)를 추리는 과정을 통해 진화를 추진한다고 윌리엄스는 설명한다.

윌리엄스는 원래 해양 생물학자로서 아이슬란드에서 어류에 대한 연구를 두 차례 수행했었다. 이 책 앞부분에 주둥치를 예로 들어 설명을 한 것은 그런 연유에서일 것이다. 또 그는 일찍이 노화에 관심을 가져 노화에 관한 논문을 1957년 한 편 발표하였는데, 이것은 현대 진화 이론의 초석으로 여겨지고 있다. 생물에서 왜 노화가 진화되었는지, 왜 어떤 생물 집단도 노화를 피할 수 없는지에 대한 그의 진화적 통찰을 9장 한 장을 할애해 요약하고 있다. 20세기 후반에는 진화론을 의학에 적용한 진화

의학을 창안하여 『인간은 왜 병에 걸리는가(*Why we get sick*)』를 랜덜프 네스(Randolph Nesse)와 함께 썼다. 이들은 비만, 당뇨, 심장병, 우울증, 약물 중독 등 현대인이 겪는 수많은 정신적, 신체적 질병과 고통을 적응주의로 해석해야 한다고 주장한다. 인간의 신체적 적응은 수백만 년 전 석기 시대에 완성된 이래 급격한 사회적 변화에 맞추어 진화할 시간을 충분히 갖지 못했고, 변화된 환경을 미처 따라가지 못하는 진화적 부적응에서 현대인의 고통이 비롯된다는 것이다. 따라서 의학적 증상들의 적응적 의미를 이해하는 것이 의학이 치료 방향을 잡는 데 중요하다. 이와 관련된 내용은 8장에서 자세히 설명되고 있다. 일반인을 위한 진화론 교양서를 펴내는 대표적인 진지한 과학자의 한 사람으로 꼽히고 있는 윌리엄스가 이 책에서 들려주는 진화 이야기는 지적으로 흥미로울 뿐 아니라 우리의 생활에 실용적 의미가 있어 책 읽는 재미와 보람을 함께 준다.

이명희

적응에 대한 올바른 이해를 위하여

이 책의 부제를 '적응주의 프로그램(The Adaptationist Program)'이라고 붙여도 좋았을 것이다. 그랬더라면 이 책에 담긴 주제가 생물학자들에게 보다 명확히 전달되었을 것이다. 내가 고른 부제 '자연에서의 목적과 계획에 대한 증거들(원서의 부제는 'Clues to Plan and Purpose in Nature'로 한글판과 다름. ―옮긴이)'은 저명한 화석 포유류 연구자이자 20세기 생물학의 거장 중 하나인 조지 게일로드 심프슨(George Gaylord Simpson, 1902~1984년)으로부터 영감을 얻은 것이다. 1947년 1월 그는 프린스턴 대학교에서 "자연에서의 목적과 계획의 문제에 관하여"라는 제목으로 강연을 했으며, 같은 해 6월 그 내용을 보강해 《월간 과학(*The Scientific*

Monthly)》에 발표했다. 그 강연이나 논문 내용에 대한 당시의 반응이 어떠했는지 나로서는 알 길이 없지만, 이후로 그것들이 완전히 잊혀진 것만은 확실하다. 심프슨을 대단히 존경하며 그의 연구 분야에 꾸준히 관심을 가지고 있었음에도 불구하고 내가 그 논문에 대해 알게 된 것은 1965년이 되어서였다. 마침내 접하고 보니 예상대로 그것은 이전의 연구들을 장려하게 논하고 친절하게 개관하며 그때까지 '적응(adaptation)'이라는 논제에 만연해 있던 뒤죽박죽된 견해들을 철저하게 해체하고 있었다.

그러나 나는 생물학적 적응이 '목적과 계획'으로 적절히 설명된다는 심프슨의 해석에 완벽하게 만족할 수는 없었다. 그는 생물들이 생존의 문제를 해결하기 위해 사용하는 메커니즘들을 논의했는데, 그의 주장대로 그 메커니즘들은 정말 잘 계획되어 있으며 분명한 목적을 위해 만들어진 것으로 보인다. 그러나 '목적과 계획의 문제'는 그렇게 간단하지가 않다. 생물들의 적응은 기본 설계에서 큰 결함을 보이기도 한다. 나는 이 책에서 진화 과정의 힘과 한계를 모두 보여 줌으로써 진화에 대한 균형 잡힌 시각을 제시하고자 한다.

2장의 그림 3을 복사하도록 허락해 준 케임브리지 대학교

출판부에 감사한다. 8장의 그림 11을 사용하도록 허락해 준 옥스퍼드 대학교 출판부에도 감사를 드린다. 2장 그림 1의 비둘기들은 뉴욕 주립 대학교 스토니브룩 캠퍼스의 윌리엄 이(William Yee)가 그린 것이다. 스토니브룩의 캐런 헨릭슨(Karen Henrickson)은 이 그림을 포함해 그림들 대부분의 마무리를 맡아 주었다.

이 원고를 위해 많은 사람들이 소중한 시간과 정성을 너그러이 할애해 주었다. 특히 원고 전체에 대해 고귀한 조언을 해 준 아내 도리스 칼훈 윌리엄스(Doris Calhoun Williams)에게 감사한다. 참고 문헌 목록이 정확해진 것은 모두 그녀 덕분이다. 헬레나 크로닌(Helena Cronin)도 전체 원고를 검토하고 유익한 비평과 충고를 아끼지 않았다. 전반부의 5개 장을 읽고 세부적인 조언을 주었으며 나머지 4개 장에 대해 토론을 함께해 준 마지 프로펫(Margie Profet)에게도 고마움을 전한다. 마이클 러스(Michael Ruse)는 첫 장과 마지막 장의 내용을 크게 도와주었다. 이 좋은 친구들 중에 내가 그들의 조언을 모두 따르지는 않았음을 알고 놀랄 사람은 없으리라.

자연에서의 목적과 계획

인간이 만든 물건을 보면 대개 그 사용 목적과 설계도를 직관적으로 파악할 수 있다. '연필을 만든 목적은 무엇일까?' 라고 의문을 품을 사람은 아무도 없다. 연필의 크기, 모양, 재료 등 모든 특성들이 필기도구로서 갖추어야 할 이상적인 설계에 근접해 있기 때문이다. 필기도구라는 명칭 자체가 연필에 대한 세부 사항을 요약해 주는데, 그렇다고 해서 연필이 생겨나게 된 기원이나 연필이 발달해 온 역사 같은 정보를 알려 주지는 않는다. 연필을 보고 그것을 루브 골드버그(Rube Goldberg, 1883~1970년. 미국의 풍자만화가. 입가를 닦아 주는 자동 냅킨 등 단순한 일을 한없이 복잡하게 처리하는 엉뚱한 기계들을 만화로 그렸다.—옮긴이)가 발명했는지

네안데르탈인이 발명했는지 알 수는 없다. 우리는 인체 각 부분이 만들어진 목적에 대해서도 연필을 이해하는 것과 비슷한 방식으로 이해하고 있다. 그래서 귀가 듣기 위해 존재한다는 생각에는 이견이 없으나 사람의 귀가 언제 어떻게 청각 기관으로서 훌륭한 설계를 갖추게 되었는지에 대해서는 의견이 분분하다.

연필은 분명 인간의 상상력과 경험을 원료로 초기의 엉성한 형태로부터 수세기에 걸쳐 복잡한 진화의 과정을 거쳤음에 틀림없다. 창의적인 발명가들은 약간의 변형이 어떤 기능의 향상을 가져다주지 않을까 생각해서 이런저런 시도를 해 본다. 그 중에서 실제로 더 나은 결과를 가져다준 변형은 '선택'되어 제작에 반영되고, 그렇지 못한 것은 폐기되고 잊혀진다. 이런 식으로 연필은 사전의 계획과 시행착오를 바탕으로 한 사후의 선택이라는 두 요소의 결합을 통해 진화했다.

그러나 현대 생물학은 사람 귀의 기원과 진화에 관해 사전에 계획된 요소 같은 것은 전혀 발견하지 못하고 있다. 사람의 귀와 1장에서 논의할 주둥치(ponyfish. 돔, 다랑어 등과 함께 농어목에 속하는 물고기. 먹이를 먹는 동안 주둥이가 앞으로 쑥 나온다.—옮긴이)의 발광체를 비롯한 생명체의 여러 특성들은 전적으로 찰스 다윈

(Charles Darwin, 1809~1882년)이 1859년에 '자연 선택(natural selection)' 이론에서 주장했던 바, 시행착오(trial-and-error)의 과정을 거쳐 완성되었다. 귀라는 기관이 신체의 일부로 유지되고 계속 향상되어 가는 것은 더 나은 귀를 가진 개체일수록 살아남아 자신의 유전자를 후세에 전할 가능성이 높기 때문이다. 이러한 결론은, 생명체는 정교한 적응을 보이는 동시에 지적인 계획하에 만들어졌다고 볼 수 없는 신체 구조들을 가진다는 사실로 입증된다(특히 1, 3, 8, 9장 참조). 인간의 적응이 전적으로 맹목적인 시행착오의 결과일 뿐이라는 개념은 인간의 본성이나 현재 인간의 조건에 대해(6, 9장 참조) 겸허한 시각을 갖게 한다.

이 책에서는 근래에 전문적인 생물학 문헌에서 '적응주의 프로그램(adaptationist program)'이라고 일컫는 것이 유효하다고 가정한다. 하나의 생명체가 갖고 있는 모든 특질에 적응주의자들은 이런 질문을 던진다. "그 특성은 생명체가 살아남아 자기 유전자를 후손에 전달하고자 하는 노력과 어떻게 연관되어 있을까?" 예를 들어 사람의 치아와 관련해서는 분명한 답이 있다. 이는 영양 섭취 과정에서 실제적인 역할을 수행하며 인간의 생존과 번식에 반드시 필요하다. 그러나 보다 구체적으로, "왜 송곳니는 한 치열에 4개씩인가?"라는 물음에는 그렇게 똑떨어지는 답을 내놓기 어렵다. 3개나 5개의 송곳니로 구성된 치열도 얼마든지 기능적일 수 있다. 송곳니가 4개가 된 것은 순전히 역사적인 이유에서일 것이다. 영장류의 송곳니는 초기에 여러 개였다가 서서히 4개까지 줄었다. 그러나 4개에서 다시 3개나 5개로 쉽게 진화할 수 있는 방법이 없었기 때문에 오늘날 모든 영장류의 송곳니는 4개로 정착되었다고 생각된다.

질문을 하나 더 하면, 갈비를 뜯어 먹을 때나 셀러리를 깨물 때 나는 소리의 목적 혹은 용도는 무엇일까? 답은 '아무 목적 없음.' 이다. 그 소리는 치아라고 하는 기계적 적응을 사용함으로써 치르게 된 불가피한 대가일 뿐이다. 이러한 답이 과학적으로 가치 있는 이유는 검증 가능한 결과를 지니고 있기 때문이다. 이들은 때때로 중요한 것을 예측하고 발견하게 해 준다. 이 책의 전반부에서는 이런 주장을 뒷받침하는 예들이 풍부하게 제시될 것이다.

지난 역사에 대한 이론이 예측을 가능하게 해 준다는 사실은 종종 간과된다. 이는 사람들이 예측을 단지 미래의 역사라고 생각하기 때문인데, 사실 이론의 효용 가치는 연구의 결과를 예측하게 해 준다는 데 있다. 19세기 과학의 위대한 승리인 해왕성의 발견이 좋은 예이다. 영국과 프랑스의 두 과학자가 독립적으로 천왕성 궤도에서 이례적인 현상을 관찰하고, 그것에 근거해 하늘의 특정 부분을 자세히 관찰하면 이제까지 알려지지 않은 새로운 행성을 발견하게 될 것이라고 예측했다. 조사 결과 정말로 해왕성이 발견되었다. 이것은 미래의 행성이나 미래의 사건에 대한 예견이 아니라, 단지 언제 어떤 일을 수행하면 무엇인가 발견될 것이라는 예측이었다.

저 유명한(그리고 논란의 대상이 된) 트로이의 발견에서 보듯 인류의 역사에 대한 이론들도 마찬가지이다. 아마추어 고고학자 하인리히 슐리만(Heinrich Schliemann, 1822~1890년)은 호메로스(Homeros)의 서사시와 고전학(classical scholarship, 고대 그리스 · 로마 문화에 대한 학문.—옮긴이)에서 영감을 얻어 다르다넬스(터키 북서쪽 해협으로 유럽과 아시아의 경계가 되는 곳이다. 트로이 전쟁이 여기에서 일어났다.—옮긴이)의 서쪽 해안에 있는 한 지역을 탐사하면 전설의 도시 트로이의 잔해를 찾을 수 있을 것이라고 주장했다. 1870년대에 슐리만은 실제로 탐사를 진행하여 자신의 예측을 증명해 보였다. 그리하여 구체적인 지명이 나오는 이야기 역사에 불과했던 그의 이론이 대단히 중요한 발견으로 이어졌다. 이는 진화생물학자들이 이론적으로 구성하는 이야기들에서 일상적으로 벌어지는 일이다.

이 책 전반부의 5개 장(1~5장)에서는 오늘날 진행되고 있는 생물학적 적응 연구들에 대한 나의 관점을 요약한다. 적응이란, 오래도록 지속된 자연 선택의 작용으로 생겨난, 기능 면에서 효과적인 무엇으로 정의된다. 좋은 예 중 하나가 주둥치 몸에서 나오는 빛인데, 그 빛은 주둥치가 아주 중대한 문제를 해결하기 위해 감탄스러울 만큼 정교하게 진화시킨 보조물이다. 그러나 주둥치를 더 자세히 살펴보자. 물고기는 단 2개의 눈을 갖고 있다. 기능 면에서 본다면 2개 이상의 눈을 갖는 것이 더 이치에 맞지 않을까? 게다가 입과 인두(pharynx)는 희한하게도 먹이 섭취와 호흡을 겸하고 있다. 왜 호흡기와 소화기가 이렇게 연관돼 있어야 했을까? 오히려 이 두 기능이 '연관돼 있지 않았어야' 할 당연한 이유가 있는데 말이다. 이러한 인두의 이중 기능 때문에 주둥치를 비롯해 일반적으로 척추동물들은 음식물이 목에 걸려 질식하기 쉽다.

그런가 하면, 주둥치 개체군(population)에서 수컷의 비율은 얼마나 될까? 아마 대부분의 과학자들처럼, 대다수의 독자들이 절반에 가깝다고 예상할 것이다. 하지만 개체군의 번식은 수컷의 비율이 암컷보다 작을 때 분명히 더 효율적이다. 주둥치가 진화를 통해 얻게 된 기능적으로 성가신 특성들은 기능적으로 적응적인 특성들만큼 고찰해 볼 가치가 있으며, 이 책에서는 그 둘을 균형 있게 다루고자 한다. 진화가 가져다준 유감스러운 특성들은 현대 인류의 삶에서 진화가 사회적 · 의학적 · 철학적으로 어떤 의미를 지니는지 논하는 후반부의 4개 장(6~9장)에서 강조되어 다뤄질 것이다.

이 정도 분량의 책에서는 현재 우리가 알고 있는 내용이나 그것이 갖는 의미에 대해 개략적인 윤곽만을 그릴 수 있다. 의욕적인 독자라면 이 책에서 대략적으로 소개한 내용을 좀 더 자세히 다루고 있는 문헌들을 본문 뒤에 실었으므로 참고하기 바란다.

THE PONY FISH'S GLOW

진화의 미스터리

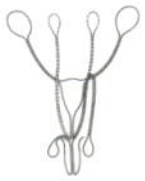

차례

THE PONY FISH'S GLOW

진화의 미스터리

1 적응주의적 이야기

다음 두 진술에 대해 생각해 보자. 태양은 지구의 표면을 비추기 위해 존재한다. 우리는 그 햇빛을 이용하기 위해 눈을 갖고 있다. 이 두 진술 모두 원인-결과 관계를 암시한다. 태양은 지구 표면이 주기적으로 밝아지는 원인이며 눈은 동물들이 시력을 갖는 원인이 된다. 이 진술들은 나아가 그 이상의 뜻도 내포하고 있다. 태양은 지구 조명의 필요를 충족시키기 위해 존재하며 우리는 볼 필요가 있어 눈을 갖고 있다는 것이다. 이 장의 핵심은 태양이 지구를 비추기 위해 존재한다는 말은 거짓이거나 혹은 적어도 그것을 뒷받침하는 증거가 없으며, 우리가 보기 위해 눈을 갖고 있다는 것은 특별하고 지극히 중요한 어떤 의미에서 참이라는 것이다.

지구와 태양의 관계를 관찰해 보면 태양이 지구라는 행성을 위해 존재한다는 생각을 입증하는 데 완전히 실패하고 말 것이다. 태양은 지구로부터 지구 지름의 거의 1만 2000배 되는 거리인 약 1억 5000만 킬로미터나 떨어져 있다. 지구는 거의 구형으로 그 지름이 약 1만 2600킬로미터이다. 지구에 편의를 주기 위해 존재하는 것이라면 왜 그렇게 멀리 떨어져 있겠는가? 자기가 봉사해야 할 지구보다 그렇게 어마어마하게 클 필요는 또 무엇이겠는가?

태양의 지름은 지구의 약 100배이며 그 부피는 지구의 100만 배쯤 된다. 태양의 거대한 표면 전체가 모든 방향으로 눈부시게 빛을 발하고 있다. 지구는 크기가 작고 태양으로부터 멀리 떨어져 있어서 그 빛의 10억분의 1도 안 될 정도로 적은 빛만을 도중에서 가로챌 수 있다. 나머지 빛은 사방으로 방사되어 버리며 태양계의 다른 행성들이 그 빛을 가리는 정도도 미미하다. 지구를 비추는 일에 관해서 태양의 에너지 사용 효율은 지극히 낮은 것이다. 실로 태양에 대한 면밀한 조사는 지구와 특별하게 관련 있는 어떠한 특징도 밝혀내지 못하고 있다.

진정 지구를 비출 목적으로 설계된 체제는 어떠해야 할까? 광원으로 빛나는 구 하나만을 사용해야 한다는 제약이 주어진다면, 우리는 광원을 지구 가까운 순환 궤도에, 그것도 지구보다 훨씬 작게 만들어서 에너지와 물질을 절약하길 원할 것이다. 그리스 시대에 태양의 이륜마차가 동쪽에서 서쪽으로 하늘을 가로지른다고 생각했던 것처럼, 이것은 태곳적부터 있어 온 전형적인 태양의 개념이다. 이러한 체제가 현재의 태양보다 100만 배 더 효율적이라 하더라도 공학적인 면에서 보면 여전히 효율이 너무 낮다. 대부분의 빛이 지구에 닿지 못하고 다른 방향들로 스러져 버릴 것이기 때문이다. 태양 뒤편에 반짝반짝하게 닦아 놓은 적당한 형태의 거울을 설치할 수 있다면, 현재의 태양보다 훨씬 약한 광원으로도 충분할 것이고 꽤 까다로운 공학적 조건들을 충족할 효율도 달성할 수 있을 것이다.

그런데 온 방향으로 빛을 발하는 구형 광원이라는 제약을 둘 까닭이 있겠는가? 아예 형광등 시설이나 그와 비슷한, 적당한 형태의 반사판이 관 뒤쪽에 달린 거대한 규모의 무엇인가로 지구를 둘러싸면 어떨까? 아니면 존 로널드 로얼 톨킨(John Ronald Reuel Tolkien, 1892~1973년)의 소설에서처럼, 오랜 세월 중

간계(Middle-earth)에 필요한 빛을 제공해 주는, 내부로부터 빛을 발해 잎이 빛나는 두 그루의 발리노르의 나무(Trees of Valinor)와 같이 아예 지상에 빛을 생산하는 물체를 만들어 둘 수도 있다. 그렇게 제작된 광원들은 명백히 그렇게 제작이 되었으므로 지구를 비추는 것이 존재 이유임을 확실하게 보여 줄 것이다. 그러나 실제 지구와 태양의 관계에서 그런 의도적인 제작의 증거는 단 하나도 보이지 않는다.

인간의 눈은 어떠한가? 눈은 사실 자연에서의 계획과 목적을 설명하는 고전적 예로, 19세기 초 윌리엄 페일리(William Paley, 1743~1805년)가 쓴 유명한 책 『자연 신학(*Natural Theology*)』에서 신학적 "설계 논증(argument from design)"에 대한 그의 주장의 핵심을 이루고 있다.

> 갓 태어난 아기가 처음 눈을 뜨는 것을 관찰해 보라. 눈꺼풀이 열리면 무엇이 있는가? 몸 앞쪽의 투명한 2개의 구체는 자세히 관찰해 보면 우리 자신이 광학 기기를 제작할 때 따르는 원리와 동일한, 정밀한 광학 원리에 입각해 구성되었음을 알 수 있다. 그것들은 각각 다른 역할을 수행하는 여러 부분들로 구성되어 굴절 작용에

의한 상을 맺기에 완벽해 보인다. 한 부분에서 광선 다발을 맡아 역할을 다하면, 그것을 다른 부분에 전달해 작동하게끔 하고, 그러고 나면 또 다음 부분으로 계속되는 식이다. 이렇게 연속적인 작용은 연계된 부분들의 최고로 정밀하고 섬세한 조정에 성공 여부가 달려 있다. 각 부분은 각각의 단순한 작용이나 효과가 아닌 복합적인 작용과 효과에 의해 궁극적으로 원하는 결과를 내도록 조절돼 있다. 눈이라는 기관은 강한 빛과 약한 빛, 가까이 있는 물체나 멀리 있는 물체 등 다양한 상황에서 작동되어야 한다. 광선의 투과 법칙에 따라 이런 차이들은 상응하는 구조의 다양성을 필요로 한다. 예를 들면 경우에 따라 빛이 통과하는 조리개가 커지거나 작아져야 하고, 렌즈는 납작해지거나 볼록해져야 하며, 영상의 윤곽이 그려지는 판과 렌즈 사이의 거리도 길어지거나 짧아져야 한다. 여기에서 말하고자 하는 것은 눈이 적응해야 하는 어려움인데, 우리는 그 각각의 부분들 중에서 일부는 이따금씩 변화되기도 하고 또 가장 인공적인 기구로 변화를 줄 수도 있다는 것을 알고 있다. 이것은 외부에서 조작하는 손길이 필요한 시계의 일반적인 조절 장치보다도 훨씬 복잡하다. 그러나 이것은 어떤 기구를 시계 안에 넣어 시계가 스스로를 조절하도록 한 해리슨의 발명품과 전혀 다르지 않다. 그 기구는 온

> 갖 종류의 금속이 서로 다른 정도로 팽창하는 성질을 솜씨 있게 이용해, 시계가 만일에 처하게 될 극도의 열과 추위 속에서도 기능을 유지할 수 있게 만든다. 그 발명의 천재성은 당연히 칭송받아 왔다. 그렇다면 그것과 다른 구조, 그것을 능가하는 어떤 구조가 있다면 발명이 아니라고 생각해야 할까? 혹은 발명이라면 그것은 발명가 없는 발명일까?

현대의 생리학자들은 페일리가 기술한 인간 눈의 구조와 조절 작용에 대해 전적으로 동의하고 그의 논리를 뒷받침해 주는 몇 가지 사실들까지 덧붙일 수 있을 것이다. 페일리는 망막에 정확한 2차원 상(像)이 형성된다는 사실에 이르기까지 눈을 하나의 광학 기구로서 잘 이해했다. 오늘날 우리는 더 나아가서 망막의 광화학은 물론 간상체와 원추체에서의 빛에 대한 반응이 신경 자극을 통해 효율적으로 전달되는 메커니즘까지 자세히 알고 있다. 또, 우리 눈에 들어오는 빛으로부터 필요한 정보를 최대한 얻어 내기 위해 이러한 자극들이 어떤 식으로 망막과 뇌에 있는 정보 처리 기구의 각 단계들을 차례로 거치는지에 대해서도 어느 정도 알고 있다.

그러나 페일리가 마지막에 던진 질문은 어떠한가? 발명품이 있다면 그것의 발명가도 반드시 있어야 할까? 이러한 질문을 던진 것으로 보아 그가 생각한 답은 단 하나이다. 땅에 떨어져 있는 시계를 발견하는 것에 관한 그의 유명한 비유의 요점은 바로 이것이다. 시계를 조사해 본 결과 시간을 알려 주는 정교한 발명품임이 밝혀졌다. 따라서 시간의 경과를 잴 필요성을 알고 있고 그러한 필요를 충족시키려면 어떻게 해야 하는지도 알고 있는 발명가(시계공)가 있음에 틀림없다. 기독교 목사인 페일리에게는 눈을 만든 발명가, 즉 유태교와 기독교 신학이 공인하는 전지전능한 창조주가 분명 존재하는 것이다.

페일리의 주장에 대한 자세한 검토

페일리의 추론이 나타내는 관점에는 불행한 일이지만, 인간 눈의 모든 특징이 기능적으로 의미 있는 것은 아니다. 몇몇은 임의적이다. 가장 총체적인 수준에서 시작하자면, 2개의 눈을 가지는 기능적인 이유가 있을까? 왜 1개, 3개, 혹은 그 이상으로 많지 않을까? 물론 이유가 있다. 2개의 눈이 1개보다는 낫다. 사물을 입체적으로 파악하고 주변 환경에 대해 3차원적 정보를 수집할 수 있기 때문이다. 하지만 3개면 더 좋을 것이다. 우리 앞에 있는 사물을 입체적으로 파악하는데다 하나 더 달린 눈으로 뒤에서 다가오는 물체에 대한 위험도 감지할 수 있을 테니까(인간의 눈을 개량할 수 있는 여러 가지 방법은 7장에서 제시될 것이다.). 사람의 안구 뒤편을 조사해 보면 6개의 작은 근육이 있어 다른 방향들로 안구를 움직여 준다는 것을 알 수 있다. 그런데 왜 6개일까? 사진가의 삼각대 다리가 3개면 충분하듯이 근육을 적절히 배치해 공동으로 작용하도록 했다면 3개로도 충분했을 것이다. 눈의 개수는 모자라고 그것을 움직이는 근육은 필요 이상으로 많은 것은 기능적으로 설명이 되지 않는 듯하다.

나아가 눈의 몇몇 특징은 임의적일 뿐 아니라 명백한 기능 장애이다. 망막의 원추체와 간상체에서 나오는 신경 섬유들은 뇌를 향하는 안쪽으로 발달되어 있는 것이 아니라 안구 속 광원이 있는 쪽에 발달되어 있다. 신경 섬유들은 안구 내에서 한 다발로 뭉쳐져 시신경을 이루고는 망막에 있는 구멍을 통해 밖으로 나가야만 한다. 물론 이러한 차폐물들, 즉 신경 섬유와 신경절 그리고 그것에 붙어 있는 혈관들의 층은 극히 얇지만, 특히

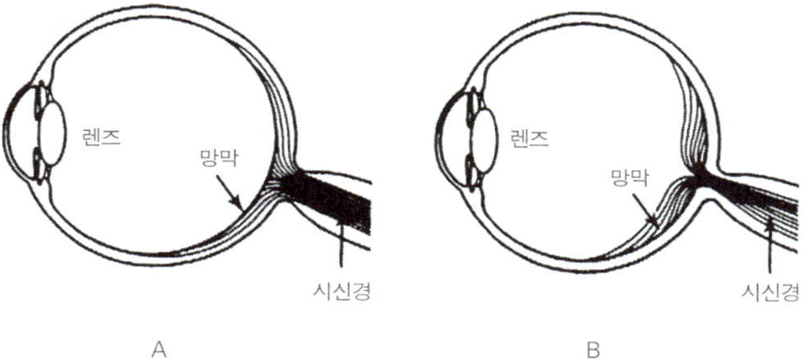

그림 1
A. 꼴뚜기와 같은 망막 구조를 가졌더라면 인간의 눈은 이런 형태였을 것이다. B. 실제 인간의 눈은 이렇게 신경과 혈관이 망막 안쪽에 펴져 있다.

혈관 층을 통과하면서 약간의 빛이 유실된다. 그리고 신경 섬유가 빠져나가는 구멍 부분(이 부분을 맹점이라고 한다.—옮긴이)에서는 눈이 안 보이게 된다. 망막은 안구 바깥의 단단한 섬유성 공막에 느슨하게 붙어 있어서 망막 분리 현상이라는 심각한 의학적 문제를 일으키기도 한다. 신경 섬유들이 공막을 통과해 안구 뒤쪽에서 시신경 다발을 형성했더라면 이런 문제는 없었을 것이다. 실제로 그와 같이 기능적으로 합리적인 구조를 지닌 동물들이 있는데, 바로 오징어를 비롯한 연체동물들이다(그림1 참조). 우리 인간의 눈은, 다른 모든 척추동물들과 마찬가지로 시신경이 망막에 뒤집혀 붙어 있는 기능적으로 어처구니없는 구조를 하고 있다.

페일리는 실제로 이러한 문제에 직면하지 않았다. 당시에는 꼴뚜기 눈의 구조에 대해서 거의 알려진 바가 없었으므로 그는 이 문제에 대해 고심할 필요가 없이 단지 망막의 맹점만을 눈이 해결해야 할 문제점 중 하나로 다루었다. 그는 눈의 중간쯤에 위치한, 시신경이 빠져나가는 부분이 서로 약간 어긋나 있어 두 눈이 동시에 한 시야의 동일한 부분을 보지 못하는 일이 없도록 되어 있음을 정확히 알아차렸다. 그 덕분에 적어도 한 눈으로는 시야 내의 모든 것을 볼 수 있는 것이다. 빛에 예민한 망막층에 생기는 그림자를 최소한으로 줄이기 위해 빛의 통과를 가로막는 조직들이 가능한 얇고 투명하게 만들어지지 않았겠느냐는 주장도 있을 수 있다. 그러나 불행히도 적혈구를 투명하게 만들 수 있는 방법은 없으며 혈관은 망막에 무시할 수 없을 정도의 그림자를 드리운다.

다음 장에서는 생동하는 자연에서 일어나는 현세의 과정들이 발명가 없는 발명품을 만들어 내며, 이런 과정들은 기능이 뛰어난 것 외에도 오랜 기간 누적된 일종의 역사적 부채로서 임의적이고 기능적이지 못한 것들도 생겨나게 한다는 점을 상세히 설명하고자 한다. 페일리가 이런 주장을 들으면 어떤 반응을 보일까?

기능적 설계의 다른 예

손은 기능적 설계라는 개념에 대한 또 하나의 좋은 예이다. 우리는 아래팔 근육을 수축하여 손을 정확하게 움직일 수 있는데 이것은 손목과 손의 잘 닦인 매끄러운 통로를 빠져나가 각 손가락뼈의 적절한 부분에 붙어 있는 정교한 힘줄 체계 덕분이다. 다른 네 손가락과 마주 볼 수 있는 엄지는 인간이 도구 제작과 정교한 손 조작(manipulation)에 능숙해지도록 한 중요한 적응 중 하나이다. 손톱의 위치, 모양, 물리적 성질에도 주목해 보자. 로마의 철학자 갈레노스(Galenos, 129~200년)는 인간의 손과 신체의 여러 부분들에 대해 뛰어난 논문을 남겼는데, 조작을 위한 도구로서 손이 지니는 정확성과 효율성을 특별히 강조했다. 그는 손이 이 역할에 워낙 완벽하게 만들어져 있어 그 기능을 향상시키기 위한 더 이상의 어떤 변경도 불가능할 정도라고 주장했다. 아마도 그런 면에서 그는 현대 생물학에서 대두되고 있는 '최적화(optimization)' 개념의 창시자라고 인정받아야 할 것이다.

갈레노스와 페일리, 그리고 다윈 이전의 학자들 대부분은 살아 있는 생명체가 지닌 기능적 설계를 보면 생명체와 생명체의 잘 설계된 많은 부분들을 고안한 현명한 창조자가 존재한다는 결론에 이르지 않을 수 없다고 생각했다. 이런 식의 추론은 눈과 사진기를 엮는 식의 비유에 들어 있는 중요한 점을 간과하는 것이다. 사진기는 분명히 설계자가 만든다. 그 설계자들은 광학, 기계학, 광화학, 그리고 아마도 경제학에도 밝은 사람들이다. 그런데 조지 이스트먼(George Eastman, 1854~1932년)은 그의 풍부한 지식을 바탕으로 단순히 사진기를 설계해 내는 것 이상의 일을 했다. 그는 설계상에 다양한 변화를 주어 어떤 사진기가 작동을 잘하고 어떤 사진기가 작동을 잘 못하는지를 실험해 보았다. 비록 매번 그 이유를 이해하지는 못했지만 말이다. 사진기의 진보는 기술자의 이해뿐만 아니라 그들이 연구실과 야외 실험에서 수집한 자료들에도 의존하는 것이다.

창조자의 지혜는 우리 인간처럼 한계가 있어서 눈이나 손과 같은 신체 기관의 공학적 완벽함은 상당 부분 창조자의 제한된 지식을 보완하는 시행착오적 땜질로 달성된 것이라고 주장한다면, 페일리는 어떻게 반응할까? 더 나아가서, 창조자는 조금도 이해하지 못했으며 순전히 시행착오로 정밀 공학을 달성한 것이라고 주장한다면? 이러한 주장들이 다음 장에서 소개될 현대 다윈주의(mordern Darwinism)가 기본적으로 의미하는 바이다.

우리가 만들고 사용하는 도구의 공학에서 시행착오가 지닌 역할은 어쩌면 사진기보다 좀 더 단순한 것에서 잘 나타날지도 모른다. 한 예로 낚싯바늘을 생각해 보자. 고고학자들은 낚싯바늘이 5만 년도 더 된 구석기 시대부터 쓰였음을 발견했다. 초기의 표본들은 조개의 구부러진 가장자리 부분이나 뼈를 깎아 대충 갈고리 비슷한 형태로 만든 것이었다. 아마도 그보다 더 이전에는 나무를 깎아서 사용했겠지만 그것들은 보존되지 못했을 것이다. 세월이 흐른 어느 날 사려 깊은 한 사람이 낚싯바늘 끝의 뒷부분을 작은 갈고리 모양으로 만들면 물고기 입에서 잘 빠져나가지 못할 것이라는 생각을 해냈을 것이다. 쇠붙이를 다루는 기술의 진보가 이러한 발명과 기타 다른 향상들을 가져오는 데 큰 도움이 되었음이 틀림없다. 역사 속에서 구체적으로 어떤 과정을 거쳤는지는 앞으로도 분명하게 밝혀지진 않겠지만, 어쨌든 끄트머리에 미늘이 있는 금속 낚싯바늘은 약 2만 년 전에도 쓰이고 있었다.

낚싯바늘의 진화는 분명 거기에서 멈추지 않았다. 오늘날 낚싯바늘은 그 크기나 모양이 이루 말할 수 없이 다양해졌다. 미늘이 하나 이상이거나 낚싯바늘 끝이 여러 갈래인 것도 있는데 대개 3개가 서로 120도씩 벌어져 있다. 재질은 말할 것도 없고 커다란 상어를 잡는 것에서부터 작은 송어를 낚는 제물낚시질(fly fishing)에 쓰이는 것에 이르기까지 크기도 다양하며, 낚싯바늘 몸체의 길이, 구부러진 정도, 갈고리의 위치 등도 여러 가지로 변했다. 이러한 갖가지 형태의 낚싯바늘은 어느 발명가의 영감으로부터 최종적인 모양으로 떠오른 것이 아니다. 낚싯바늘을 사용하는 어부들은 오랜 경험을 통해 고기의 종류나 낚시하는 환경에 따라 그때그때 특정 형태의 바늘이 다른 것들보다 적합하다는 사실을 알게 되었을 것이다. 낚싯바늘의 진화는 의심할 여지없이 선택이라는 과정의 영향을 크게 받았다. 고기가 더 많이 잡히는 것으로 밝혀진 변형이, 잘 안 잡히는 형태보다 더 많이 만들어졌을 (혹은 수요가 많았을) 것이다. 이 과정은 이해가 되든 되지 않든 일어난다. 낚싯바늘 몸체가 20밀리미터인 것이 25밀리미터인 것보다 믿을 만했다면 분명 20밀리미터짜리가 더 유리하게 선택받았을 것이다. 여기에서 20밀리미터가 25밀리미터보다 왜 더 나은지는 중요하지 않았다.

낚싯바늘의 진화 과정에서 지적 설계(intelligent design, 자연 선택에 의한 점진적 진화로 만들어졌다고 보기에는 너무도 절묘한 생물의 체계들을 근거로 삼아 지적 존재에 의한 창조를 옹호하는 주장을 말한다.—옮긴이) 대 인위 선택(artificial selection)에 의한 시행착오 과정의 상대적 중요성을 평가할 수 있는 방법은 없으나 분명한 것은 둘 다 역할을 했다는 것이다. 이는 사진기, 자동차, 컴퓨터뿐만 아니라 페일리가 지적 설계자가 만들었음이 틀림없다고 말한 시계에 이르기까지 우리가 사용하는 도구라면 어느 것에나 해당되는 사실이다. 시행착오만으로는 어느 정도까지 나아갈 수 있을까? 인간의 눈, 손, 면역 체계 그리고 우리뿐 아니라 모든 생명체가 생명 유지를 위해 의존하는 그 모든 잘 설계된 장치들까지 발달시킬 수 있을까? 아마도 그럴 것이라는 게 현대 생물학의 정설이다.

다윈은 이 문제에서 거듭 도전을 받아 왔다. 비판론자들은 눈의 정확성과 설계상의 특성을 지적하면서 이렇게 완벽한 기관이, 눈의 작동을 조금씩 낫게 해 주는 작은 변화들의 축적으로 이루어졌을 리가 없다고 반박하려 했다. 그들은 이런 변화 과정을 통해 개선되어야만 하는 총체적으로 엉성한 눈은 애초에 결코 진화할 수 없었을 것이라 생각했다. 망막과 같은 눈의 한 부분에서 일어난 미세한 기능 향상은 그것과 정확히 맞아떨어지는 다른 부분의 향상, 예를 들면 렌즈의 정확성이 함께 나아지지 않는 한 쓸모가 없다는 것이다. 이것은 완전히 이치에 맞지 않는 논리이다. 개선된 망막은 개선된 렌즈가 없는 한 소용이 없을지 모른다. 하지만 망막과 렌즈 모두 개체 변이의 대상이다. 더 나은 렌즈 중 몇몇은 더 나은 망막 또한 가진 개체에서 나타났을 것이고, 따라서 그러한 향상들은 대체로 선호될 수 있었다.

비판론들은 실제로 틀렸으며, 그런 이론의 지지자들은 생물학에 문외한이었다. 다윈이 지적했듯이, 동물계에 친숙해지면 작은 지렁이의 표피에 있는 원시적인 감광 세포에서부터 가리비의 흔적만 남은 카메라눈, 꼴뚜기와 척추동물의 발달된 시각 기관에 이르기까지 시각 기관의 거의 모든 단계가 그럴듯한 순서로 현존하고 있음을 알게 된다. 이러한 순서상의 모든 단계는 변이를 겪으며, 그 모든 단계의 눈들은 분명 그 주인들에게 유용하다.

주둥치는 어떻게 빛을 내게 되었을까?

기능적 설계라는 개념이 현대 생물학 연구에서 생산적으로 사용되는 양상은 대개 다음과 같다. 한 개체가 어떤 특성을 갖고 있는 것이 관찰된다. 그러면 관찰자는 그것이 무슨 쓸모가 있을까를 생각해 본다. 예를 들어 주둥치를 해부해 조사한 결과 빛을 생산하는 기관처럼 생긴 것, 혹은 발광 기관과 그 뒤쪽에 있으면서 특정한 방향으로 빛을 비추어 주는 반사 기구 같은 것을 발견했다. 그래서 우리는 그 기관이 빛을 내는 데 알맞다는 결론을 받아들이지만, 그러나 명백한 의문을 갖게 된다. 빛이 무슨 도움이 될까? 주둥치의 발광 기관은 몸통 안쪽 깊숙한 곳에 위치해 있다. 자기 몸속을 비추는 것이 그 물고기에게 정말 적응적인 것일까?

기관은 부레 위에 위치하여 빛이 내장을 통과해 아래쪽을 비추게 되어 있다. 주둥치는 몸집이 작고 조직이 약간 투명하다. 빛의 일부는 몸을 투과하여 복부 표면을 따라 어렴풋이 빛을 낸다. 어슴푸레 빛나는 배가 무슨 소용이 될까? 이 물고기가 사는 특정한 환경에서는 그것이 이들을 눈에 잘 띄지 않게 만들어 주는 것인지도 모른다. 주둥치들은 탁 트인 대양에 살면서 어둠이 가까워 오면 물 표면을 향해 올라오는데, 밝은 낮 동안에는 위쪽에서 들어오는 어두침침한 빛만 탐지할 수 있는, 우리 기준으로는 굉장히 어두운 바닷속 깊은 곳에서 지낸다.

자, 이제 테라스에 안락의자를 내놓고 그 위에 반듯이 드러누워 눈발이 흩날리는 하늘을 올려다보고 있다고 상상해 보자. 하늘은 이렇게 눈 오는 겨울날이 으레 그렇듯 납빛의 푸르스름한 회색이다. 눈송이는 폭풍우가 올 듯한 구름을 바탕으로 '어두운' 윤곽을 보일 것이다. 모두가 알고 있듯이 눈은 순백의 최고봉인데도, 깨끗하고 거칠 것 없는 눈송이가 회색 하늘을 배경으로 있으면 회색보다도 어둡게 보인다. 거무죽죽한 하늘 자체가 광원이어서 우리는 눈송이의 그림자 진 면만을 보게 되기 때문이다. 광원과 관찰자 사이에 있는 어떤 것도 결코 광원보다 밝아 보일 수 없다. 눈송이나 물고기나 이 점에서는 마찬가지이다. 아주 드문 경우를 제외하고 물고기는 등 부분이 배보다 진하며, 배는 대체로 유난히 하얗다. 일반적으로 이것을 적응적인 반차광(反遮光, countershading)이라고 한다. 몸의 이러한 색 분포는 물고기를 위아래 어느 방향에서 보아도 눈에 잘 띄지 않게 해준다. 물고기의 배가 아무리 하얗더라도 밑에서 보면 그보다 더 밝은 수면을 배경으로 어둡게 보인다.

우리가 흔히 낚시나 수영을 즐기는 밝고 얕은 물속에서나, 사방을 둘러 보아도 물뿐이어서 숨을 곳이 전혀 없는 망망대해인 주둥치의 서식지에서나 이것은 마찬가지이다. 주둥치는 절대로 밝은 곳에 있는 법이 없다. 주로 적의 눈에 띄지 않을 정도로 어두운 물속에서 지내는데, 혹시 발견이 된다면 적이 아래쪽에서 바라보는 경우일 것이다. 위쪽에서 조금이라도 빛이 들어오면 아래에 있는 포식자는 그 빛을 배경으로 움직이는 주둥치의 윤곽을 보게 될 것이다. 물론, 그 잠재적인 먹잇감이 위에서 들어오는 빛과 같은 정도의 빛을 복부에서 내어 자신의 윤곽을 사라지게 할 수 없다면 말이다.

주둥치의 미스터리를 풀기 위해 했던 실험에서 얻은 답도 이것이었다. 위쪽에서 비추는 약한 빛만 있는 어두운 방에 수조를 두었더니 주둥치는 자신을 노리고 있는 아래쪽의 눈들로부터 윤곽을 없애기 위해 몸에서 빛을 내기 시작했다. 그 빛은 물고기들보다 훨씬 위쪽에 있는 대양의 수면에서 들어오는 빛과 세기와 파장이 거의 일치했다. 존 우드랜드 헤이스팅스(John Woodland Hastings)가 이 실험을 한 것은 1960년대인데(「몸을 숨겨 주는 빛(Light to Hide by : Ventral Luminescence to Camouflage the Silhouette)」이라는 논문에서 보고되었다.), 오늘날에는 이것이 주둥치뿐 아니라 대양에 사는 물고기 다수 종과 독립된 체외 발광을 하는 어류들에게서까지 흔히 나타나는 적응으로 추정된다.

철학자 카를 레이문트 포퍼(Karl Raimund Popper, 1902~1994년)는 "삶이란 문제를 해결해 나가는 것이고 살아 있는 생명체는 이 우주에서 유일한 문제 해결 복합체라 해도 좋다."라고 말한 적이 있다. 혹자는 컴퓨터도 문제 해결을 할 수 있지만 살아 있는 생명체는 아니지 않냐며 반박할지도 모른다. 포퍼라면 이를 좀 다른 시각으로 볼 텐데, 아마도 컴퓨터란 인간이라는 생명체가 문제 해결을 위해 사용하는 수많은 방법 중 하나일 뿐이라고 응수할 것이다.

저명한 생물학자 에른스트 마이어(Ernst Mayr, 1904~2005년)는 지난 수세기 동안 일어난 생리학의 모든 진보는 "주어진 구조나 기관의 기능은 무엇인가?"라는 질문에서 출발했음을 지적했다. 심장은 피를 펌프질하기 위해 존재한다는 가설이 심장 생리학에 대한 이해에 도달하게끔 했다. 꽃의 기능은 자신의 꽃가루를 퍼트리고 다른 꽃의 꽃가루를 받는 것이라는 가설에서 식물의 번식 생리학에 대한 이해가 이루어졌다. "그것의 기능은 무엇인가?"는 헤이스팅스가 주둥치가 지닌 발광 기관의 해부학적 위치, 스펙트럼의 방사, 발광 시기, 포식으로부터 보호해 주는 역할 등을 알아내도록 했다.

적응주의적 이야기(adaptationist storytelling)는 이렇듯 중요한 과학적 발견을 이루도록 하는 효과적인 도구인데, 여기에 좀 더 심미적인 종류의 환희는 없을까? 자연이 인간의 눈이나 손, 주둥치의 몸을 숨겨 주는 빛과 같이 멋지고 효과적인 기구들로 가득 차 있음을 아는 것은 기쁘지 않은가? 인간의 독창성으로 이러한 자연의 경이로움을 탐구하고 이해하게 되는 것이 흡족하지 않은가?

모든 생물학자들이 "그것의 기능은 무엇인가?"라는 질문에 가치를 두는 것은 아니다. 예를 들면 스티븐 제이 굴드(Stephen

Jay Gould, 1941~2002년. 적응주의가 내포하고 있는 점진적 진화 개념에 반대하여 단속 평형설을 주장한 진화 생물학자.—옮긴이)는, 적응주의적인 이론 정립이 조지프 러디어드 키플링(Joseph Rudyard Kipling, 1865~1936년)의 『낙타는 왜 등에 혹이 있을까?(*How the Camel Got His Hump*)』(1902년)와 같은 공상적인 아이들의 "그래서 그래(Just-So)"식 이야기와 비슷하다고 꼬집었다. 여기에서 설명한 헤이스팅스의 실험은 '주둥치는 왜 몸에서 빛이 날까?' 정도가 될 것이다. 그러나 나의 이야기와 키플링의 이야기는 중요한 점에서 다르다. 나의 기술은 바로 시작부터 주둥치와 그들의 서식지에 관해 이미 알려져 있는 사실들과 모순되지 않았고, 또한 나는 확실히 정립돼 있는 구체적인 과정만을 인용해 이야기를 구성함으로써 아마도 다윈주의적 제약이라 불릴 것들에 모순되지 않도록 주의했다. 이 말은, 초자연적인 요소들은 일절 배제하고 자연 선택이 논의의 대상인 적응을 유지시켜 주는 방법들을(2장에서 자세히 다룰 것이다.) 담았다는 뜻이다.

적응주의적인 설명이 키플링의 '그래서 그래' 식 이야기와 어느 정도 유사할지는 모르지만, 그보다는 추리 소설에 더 가깝다. 셜록 홈스가 아메리카 대륙을 여행한 것은 딱 한번뿐인데(마크 트웨인(Mark Twain, 1835~1910년)이 쓴 『두 가지로 해석되는 추리 소설(*A Double-Barreled Detective Story*)』(1902년)에서), 소설 속에서 그는 1900년 10월 살인 사건이 일어난 네바다 주의 광산 기지에 가게 된다. 여느 때처럼 그는 기지의 다른 사람들이 보기에는 아무 관계가 없어 보이는 정황과 엉뚱하고 사소한 일들로부터 끌어낸 예리한 추리를 바탕으로 문제를 풀어 나간다. 그의 해답은 이러한 잡다한 단서들을 이론적으로 설명해 낸 하나의 이야기로 이루어진다. 그 이야기는 광부 중 하나가 광산을 폭파할 때 사용하는 폭약 가루를 터뜨려 피해자를 살해했을 것이라고 제안한다. 살인의 동기는 어떤 범죄를 목격한 그 피해자의 입을 막기 위함일 것이다. 이 탁월한 탐정의 이야기는 단순히 알고 있는 사실들을 논리적으로 끼워 맞추는 것에서 멈추지 않고 새로운 사실을 하나 예견한다. 그 추가적 사실에 대한 조사는 홈스의 이야기가 정답임을 입증하는 데 필요한 모든 증거를 제공해 주었다. 홈스는 범죄 현장에 있는 약간의 피에 주목해 그것이 계획했던 것보다 더 강력한 폭발이 일어나는 바람에 범인이 흘린 피일 것이라고 추리한다. 그러므로 관찰된 피를 설명해 줄 만큼 심하고 꼭 마땅한 위치에 있는 상처가 살인자를 알려 줄 것이라 말한다. 명탐정의 이야기를 듣던 술집 안의 사람들이 일제히 주위를 둘러보니 "눈썹 위에 핏자국"이 있는 남자가 하나 서 있었다.

모두들 사건의 해결에 만족해 하면서 이 뛰어난 방문객의 명석함을 경탄해 마지않는데, 권위 있는 발표에 도전하는 졸렬한 취미를 가진, 아치 스틸먼이라는 뻔뻔스러운 자만은 예외였다. 그는 정반대의 이야기를 들고 나온다. 살인은 피해자에게 원한을 품고 있던 피해자의 조수가 저질렀다는 것이다. 그 이야기는 홈스가 알고 있던 모든 사실 및 그 외의 몇 가지 사실들에 부합했고, 나아가 살인 현장 근처를 조사해 보면 폭발을 일으키는 데 사용되었다가 버려진 조수 소유의 도구 몇몇이 적발될 것이라고 예견하기까지 한다. 이쯤 되자 그 조수는 병적으로 흥분하여 자신이 스틸먼의 이야기와 똑같은 방법으로 도구를 사용했다고 사실 확인까지 하면서 범행을 고백하고는 즉시 사형될 것을 각오한다.

홈스의 이론은 다른 이론에 의해 폐기되었는데, 과학에서도 이와 비슷한 일이 일어난다. 기존의 사실을 좀 더 완벽하게 설명하고 새로운 것을 정확하게 예견하는 새 이론이 받아들여지고 옛 이론은 쓰레기통에 버려진다. 1947년에 제임스 브라이

언트 코넌트(James Bryant Conant, 1893~1978년)가 지적한 대로 하나의 과학 이론 혹은 학설이 폐기되는 이유는 항상 더 나은 이론이 나오기 때문이다. 단순히 그 이론에 반대되는 듯한 몇 가지 사실 때문에 폐기되는 일은 결코 없다. 한 이론의 지지자들은 그와 같은 불일치에 대한 변명 정도는 언제든지 찾아낼 수 있다.

마찬가지로 낙타가 어떻게 혹을 갖게 되었는가 혹은 주둥치가 어떻게 발광 기관을 갖게 되었는가에 대한 설명은 하나 이상 있을 수 있다. 그중에서 기존에 관찰된 사실들을 가장 논리적으로 설명해 주는 한 가지가 선택된다. 탐정 수사에서와 마찬가지로 과학에서도 이론이 받아들여지는 것은 누구나 인정하는 이야기의 규칙에 충실한가에 달려 있다. 해결하고자 하는 종류의 문제에 일반적으로 적용 가능한 것으로 알려져 있지 않은 과정을 끌어들이는 것은 적절하지 않다. 예를 들어 생물학자나 탐정이 신성한 힘 같은 것을 가정해서는 안 된다. 그 불행한 광부를 죽인 폭발은 제우스가 던진 번개에 의한 것일 수 없으며, 낙타의 혹은 진화의 방향을 지시하는 신에 의해 생긴 것일 수 없다. 헤이스팅스의 주둥치에 대한 설명은 게임의 규칙을 철저히 따르고 있다. 즉, 그의 해석은 주둥치와 그들의 서식지에서 작용하는 것으로 알려져 있는 과정들만 인용했으며, 살인의 미스터리에 대한 다른 해결에서처럼 알려져 있는 모든 사실들에 부합했다.

또한 홈스와 그의 도전자가 내놓은 제안처럼 헤이스팅스의 설명도 아직 진실이라고 알려지지 않은 것들을 함축하고 있었다. 다행히 그러한 주장의 일부는 조사해 볼 수 있는 것이어서, 다양한 연구로 밝혀낼 수 있는 예언들을 구성했다. 그 예언들은 실제로 헤이스팅스의 연구에 의해 입증되었고, 주둥치의 빛은 무엇을 위한 것인가라는 미스터리에 대한 그의 해답, 그의 이야기의 타당성을 위한 증거로 인용될 수 있었다. 그는 주둥치 몸속의 빛이 언제 발하는지, 어떤 종류의 빛이 나는지에 대해서, 그리고 그 물고기에 대한 적응주의적 이야기가 없었더라면 밝혀낼 수 없었을 다른 특징들에 대한 자신의 예측까지도 모두 입증해 보였다.

또 다른 중요한 측면에서, 적응주의적 설명이 키플링의 동화나 살인 사건의 미스터리와 갖는 유사성은 오해의 소지가 있다. 헤이스팅스의 이야기는 사실 주둥치가 '어떻게 빛을 내게 되었는가(how the pony fish got its photophore)'에 관한 것이 아니라

'왜 계속 빛을 내는가(*why* the pony fish *keeps* its photophore)'에 관한 것이다. 그의 이론은 그 발광 기관이 수십만 년 전, 수만 년 전에는 어떠했는지에 대해서는 말해 주지 않는다. 적응주의적 이야기들은 진화를 부정하는 것이 아닌 만큼 진화에 관한 것도 아니다. 수백만 년도 잠깐인 지사학(historical geology)의 시간 척도에 비추어 보면 주둥치는 지금 꽤 빠르게 진화하고 있는 것인지도 모른다. 또 현재의 진화 속도보다 아마도 수천 배 빠르게 진화할 능력도 있을 것이라고 나는 짐작한다. 인간이 기르는 동물이나 식물은 보통 그들의 조상이 살았던 자연 서식지에서보다 수천 배 빠르게 진화한다. 그러나 진화의 속도나 방향은 주둥치가 왜 계속 빛을 내는지에 대한 적응주의적 해석과는 아무런 연관이 없다. 적응주의는 오로지 이런 절묘한 기관이 지니는 현재의 유용성만을 다룬다.

굴드의 비판에도 불구하고, 적응주의적 이야기는 살아 있는 생명체에 대한 중요한 사실을 발견하는 막강한 방법으로서 앞으로도 계속 그 힘을 발휘할 것이다.

2

기능적인 설계와 자연 선택

1859년 다윈이 『종의 기원(*On the Origin of Species by Means of Natural Selection, or the Preservation of Favoured Races in the Struggle for life*)』을 발표할 당시 진화의 개념은 상당히 널리 퍼져 있었다. 일반적으로 당시 과학자들은 화석이란 오늘날 살아 있는 그 어떤 것들과도 현저하게 다른 생물이 오래전에 죽거나 종종 멸종하고 남은 잔해가 석화(石化)된 것이라 인지하고 있었다. 또 그들이 알고 있는 동식물은 수많은 암석층 안의 화석군(群) 어디에서도 발견되지 않는다는 사실도 주지하고 있었다. 생명체의 형태가 시간의 흐름에 따라 변한 것은 분명한데, 왜 변해야만 했는지에 대한 이론은 다양했다. 격변론자(catastrophist)들은 초기에 존재했던 이상하게 생긴 생명체들은 큰 재난으로 전멸했고 각각의 재난 이후에 그들을 대체하기 위한 다른 동식물들이 창조된 것이라고 주장했다. 저명한 프랑스의 생물학자 장 바티스트 라마르크(Jean Baptiste Lamark, 1744~1829년)는 오늘날의 동식물은 초기 형태로부터 서서히 진화되어 온 것이라고 생각했다. 그는 진화란 일부는 일종의 예정된 발달 과정으로써 일어나며, 일부는 생명체 스스로 강박적으로 노력하는 데에서 비롯되는 것이라고 상상했다.

암석의 형성을 연구하는 물리학자들도 지구의 지각에서 관찰된 것들에 맞는 진화 이론을 구상하고 있었다. 그들은 어떤 암석들은 오랜 세월에 걸쳐 서서히 침전된 퇴적물이 굳어져 형성되었고 어떤 것들은 다른 방식으로, 예를 들면 화산 작용으로 생긴 덩어리들이 암석을 덮거나 표면을 타고 흘러내리며 길을 내는 과정에서 생성되었다고 믿게 되었다. 그들은 인접한 암석들의 상대적인 연령을 추정해 낼 수 있다는 것도 알았다. 더 젊은 층은 보통 보다 나이 많은 층 위에 위치하며, 화산 폭발로 침입한 층은 그것이 흘러든 층보다 반드시 더 나중에 만들어진 것이다. 암석층들의 절대적인 연령은 확신할 수 없었으나, 알려진 과정들로 그러한 관찰 결과가 형성되는 데 걸린 시간을 계산해 본 결과는 지구가 성서적인 해석으로 추정한 것보다 훨씬 오래 되었음을 시사해 주었다.

아마 이런 연구의 선구자들 중에서 가장 특기할 만한 사람은 지사학의 창시자로 불리는 스코틀랜드 인 제임스 허턴(James Hutton, 1726~1797년)일 것이다. 그의 저술은 지구의 나이가 아마도 무한하며 반복적인 대변혁이 느리지만 끝없이 일어나는 상태에 지구가 놓여 있다고 상상했다. 다윈이 태어나기 4반세기 전인 1785년, 지각의 암석을 객관적으로 면밀히 조사해 본 결과 그는 "어떠한 시작의 흔적도, 종말의 기미도 없다."라고 주장했다. 그래서 진화적 변화가 일어나기에 시간이 충분했다는 생각은 다윈의 시대에 와서 지식인들에게 타당한 것으로 받아들여졌고, 이것은 아무리 느린 진화 과정도 언젠가는 큰 변화를 가져올 수 있음을 암시해 주었다.

다윈의 진화론

다윈은 진화에서 가장 중요한 느린 과정으로 자연 선택을 제안했다. 이는 풍부한 자료로 입증되는 2가지 일반 법칙으로부터 연역되었다. 첫째, 생물 세계 어디에나 생존을 위한 경쟁이 존재한다. 모든 동식물 종은 각 세대에서 살아남아 자손을 번식시킬 수 있는 수보다 더 많은 개체를 생산하는데, 그중 일부만이 성공하며 나머지는 실패한다. 둘째, 세대 간에는 유전 현상 같은 것이 존재한다. 자식들은 부모 세대의 다른 개체들보다 자기 부모를 더 많이 닮는 경향이 있다. 다윈은 그러한 변이들이 생존 경쟁에 중요한 형질에 영향을 미칠 수 있다고 생각했으며, 실제 그런 변이의 예를 다수 발견했다. 따라서 각 세대는 그 전 세대에서 발견되는 변이들을 편향되게 나타내게 될 것이다. 부모의 생존 경쟁에 도움이 되었던 형질들은, 그것이 무엇이든 간에 부모 세대에서 결함이 있었던 개체의 형질들보다도 다음 세대에서 풍부하게 나타날 것이다.

다윈은 자연사로부터 얻은 방대한 증거를 나열하며 인위선택과의 유사성을 들어 이러한 이론을 입증했다. 육종가들은 동물이나 식물의 종축(breding stock, 우수한 후손을 얻어 품종을 개량하기 위해 기르는 개체.—옮긴이)을 고를 때 그들이 가장 선호하는 특성들을 지닌 개체들을 대개 선택한다. 보다 못한 개체들은 팔거나 식용으로 쓰거나 없앤다. 이러한 선별적인 교배를 반복함으로써 많은 세대를 거쳐 점진적인 변화를 유도할 수 있으며, 그 결과로 얻게 된 가축이나 농작물들은 대개 야생의 조상들과는 외양이나 행동 면에서 매우 다르다. 오늘날 우리는 인간에 의해 사육되고 재배되며 수천 년간 선택적인 교배를 거친, 그들 사이에서도 다르고 그들이 갈라져 나온 야생의 조상 종과도 판이한 개, 말, 장미, 딸기 등을 갖게 되었다.

다윈은 손수 비둘기를 교배했고 다양한 비둘기 품종의 기원을 모델로 삼아 선조가 되는 하나의 종으로부터 어떻게 다양한 무리가 생겨나는지를 설명했다. 그림 2는 비둘기 종류의 다양성을 보여 주는데 이들은 모두 사육 과정에서의 빠른 진화로 생겨났다.

다윈은 사람들이 재배나 사육을 목적으로, 혹은 취미로 비둘기나 돼지, 감자를 키울 때 가장 가치가 떨어지는 개체들을 자주 골라내 버림으로써 경제적으로나 미적으로 그 조상들보다 우수한 변종들을 만들어 낼 수 있다면, 자연도 분명히 그와 비슷한 일을 할 수 있을 것이라고 생각했다. 경쟁과 삶에 불리한 조건들은 매 세대에 자동적인 선별 과정(culling process)을 부과한다. 그 결과 야생 동식물들은 이런 선별 과정에서 살아남을 수

그림 2

야생의 유럽산 양비둘기 종으로부터 육종가들의 인위 선택을 통해 최근 수세기 동안 분화된 다양한 집비둘기 종류들. 이들의 다양함을 수만, 어쩌면 수백만 년에 걸쳐 변화해 온 다윈의 핀치와 비교해 보라(그림 3).

있는 능력을 더 크게 발달시킨다. 철학자 허버트 스펜서(Herbert Spencer, 1820~1903년)는 후에 이러한 원리를, 약간 오해의 소지는 있지만 편리한 표현인 '적자생존(the survival of the fittest)'이라고 이름 붙였다.

다윈은 아주 오랜 세월 수많은 세대를 거쳐 이러한 과정이 일어나며 특히 선별을 유발하는 환경 조건이 때에 따라 변한다면 주요한 진화적 변형이 일어날 수 있다고 주장했다. 하나의 조상 종에서 나온 자손들일지라도 서로 다른 조건의 지역에서 거주하게 되면 그들의 조상과, 그리고 서로 간에도 다른 종으로 보일 만큼 분화될 수 있다. 다윈은 자연에서 일어나는 이러한 예로 남아메리카 서해안에서 1,000킬로미터 떨어진 적도상에 위치한 갈라파고스 제도에 사는 핀치(finch) 무리를 들었다. 그 제도의 섬들은 몇백만 년 전 화산 폭발이 일어나 바다 위로 융기한 것으로, 한번도 대륙의 일부였던 적이 없었다. 섬들 대부분에 육지 동물과 식물들이 들어갈 수 없었고, 처음 탐사되었을 당시 남아메리카 대륙에서 흔히 서식하고 있는 종류의 생물들은 거의 존재하지 않았다. 개구리나 작은 포유류(박쥐를 제외한)가 없는 것은 쉽게 설명이 되었다. 끝없이 펼쳐진 대양이 아메리카의 열대성 사막과 숲에 사는 새들조차 가까이하기 어려운 장벽이 되었을 터였다. 하지만 우연히 길을 잃고 가까운 대륙에서 이곳으로 오게 된 육지의 새들이 제한적으로 군체를 이루고 있는 것도 크게 놀랄 일은 아니었다.

탐사선 비글(Beagle)호에 박물학자로 승선하여 갈라파고스 제도에 도착한 다윈은, 그렇게 육지에서 이민 온 새들의 자손을 발견했다. 약 12종의 핀치들은 남아메리카에 사는 핀치 종과 매우 가까운 친척이었다. 그리고 다윈은 갈라파고스 제도의 주요 섬들에는 각기 고유한 핀치가 한두 종씩 있다는 것도 알게 되었다. 다윈은 섬들이 형성되고 생물이 살 수 있는 환경이 된 후, 적어도 암수 한 쌍의 남아메리카 핀치가 제도의 한 섬에 오게 되었을 것이라는 이론을 세웠다. 그 새들은 아마도 도저히 날 수 없을 정도로 세찬 동풍을 동반한 폭풍우에 휩쓸렸으나 다행히도 지쳐 바다에 떨어져 죽지 않고 섬에 당도했을 것이다. 그들은 살아남아 경쟁자가 없고 먹을 것과 둥지 틀 장소라는 최소한의 생존 조건을 충족시키는 이곳, 새로 발견된 보금자리에서 새끼를 쳐 나갔을 것이다. 몇 년 지나지 않아 핀치들은 큰 개체군을 이루었고 그중 일부는 어쩌다 제도 내의 다른 섬들로도 가게 되었으며 위와 같은 과정이 반복되었을 것이다.

그런데 갈라파고스핀치는 왜 원래의 이민자 한 종류만이 아니라 그렇게 많은 종이 있는 것일까? 다윈은 섬마다 환경 조건이 다르다는 데서 그 답을 찾아냈다. 어떤 섬들은 로도스(Rhodes, 에게 해 남동쪽의 그리스령 섬.—옮긴이)나 메노르카(Menorca, 지중해 서부 스페인령 발레아레스(Baleares) 제도에서 2번째로 큰 섬.—옮긴이)보다도 꽤 크고 어떤 섬들은 미국의 자유의 여신상이 서 있는 섬보다도 작다. 또 강우량이 상당한 고산 봉우리를 가진 섬이 있는가 하면 지대가 낮고 건조한 섬도 있다. 다양한 자연 조건은 핀치의 먹이가 되는 식물군과 씨앗, 곤충들도 다양하게 생산했다. 이렇게 서로 다른 주변 환경이 핀치들의 생존을 위한 경쟁에서 각기 다른 능력을 요구하게 되었다.

그중 특히 중요한 조건은 먹이의 적합성이다. 일부 잠재적인 먹이 공급원은 만만찮은 껍질에 싸인 씨앗이다. 만약 새로 정착한 핀치들 중 일부만이 그 껍질을 깔 수 있었다면, 힘센 부리와 강한 턱 근육에 대한 강한 자연 선택이 생겨났을 것이다. 아마 몇천 세대 내에 서로 다른 섬에 사는 핀치 개체군들은 먹이 섭취 방법에 대한 적응에서 큰 차이를 나타내게 되었을 것이

그림 3

데이비드 랙이 다윈의 핀치에 관하여 1947년에 출간한 책에서 발췌한 그림. 그림 2 비둘기들의 다양성과 비교해 보라.

다. 그리고 무수한 세대가 지나면서 그림 3처럼 다윈이 발견한 수준으로까지 형태의 다양성을 이룰 수 있었을 것이다.

하나의 조상에서 나온 자손들은 점진적으로 변화해 가며, 각각의 가계는 서로 다른 진화적 변화를 보인다는 것이 1859년 다윈이 발표한 『종의 기원』의 핵심 내용이다. 다윈에게 이러한 영감을 준 주요 원천 중 하나는 서로 다른 지역에 분포해 있는 같은 종의 개체들 사이에서 나타나는 차이였다. 비글호의 세계 일주는 그에게 지리적 영역을 가로질러 동식물들을 비교 연구할 수 있는 기회를 풍족하게 제공했다.

그는 종종 같은 서식 범위 내 다른 지역에 사는 일부 생물 사이에서 차이점을 발견하고는 했는데 그 차이는 그리 크지 않았다. 다윈은 이를 동일 종의 변종(variety)으로 여겼다. 나중에 그가 이를 완전하게 서로 다른 종으로 다루었는지, 아니면 서로 다른 변종으로 다루었는지는 명백하지 않다. 다윈과 동시에 자연 선택 이론을 발표한 앨프리드 러셀 월리스(Alfred Russel Wallace, 1823~1913년)는 그의 논문 제목을 「원형에서 무한정 멀어지고자 하는 변종들의 경향에 관하여(On the Tendency of Varieties to Depart Indefinitely from the Original Type)」라고 붙였다. 오늘날 자연 선택은 생물학에서 표준이 되는 개념적 도구의 일부로서, 약간씩 다른 환경 조건에서 살아가고 있는 가까운 관계의 생물 간 차이를 설명할 때 늘 사용된다.

성 선택

냉혹한 경쟁은 다윈과 월리스가 제안한 대로 자연 선택의 필수 전제이다. 오늘날 생물학자들은 동물들 간의 경쟁 행동을 뒤범벅 경쟁(scramble competition)과 겨루기 경쟁(contest competition), 2가지로 구분한다. 참새 떼가, 정원사가 잔디 씨를 뿌리는 속도만큼이나 빠르게 씨를 쪼아 먹는 것은 뒤범벅 경쟁의 좋은 예이다. 겨루기 경쟁의 예는, 여러 마리의 개가 다람쥐를 쫓아가는데 그중 1마리가 다람쥐를 잡아 독식하는 경우이다. 만약에 2마리가 다람쥐 하나를 동시에 붙잡아서 줄다리기가 벌어진다면 이것은 2마리 개가 1대 1로 벌이는 겨루기 경쟁이다. 겨루기 경쟁은 다람쥐가 실제 싸움의 핵심인데도 오로지 경쟁 상대에게만 관심을 집중하고 싸울 때 명백히 드러난다. 개들이 실제로 싸우지는 않으면서 서로를 위협하며 으르렁대기만 하는 일도 마찬가지이다. 1마리가 다른 1마리를 위협하여 뒤로 물러나게 만든다면 그것도 겨루기에서 승리하는 것이다.

전략적으로 이와 비슷한 겨루기 경쟁은 먹잇감, 보금자리, 배우자 등 여러 다른 자원들을 놓고도 벌어질 수 있다. 사실 이러한 겨루기 경쟁은 꼭 현재 가시적으로 존재하는 원인을 두고서 일어나는 것만은 아니다. 단순히 승자와 패자 관계를 확립해 두려는 목적 때문에 일어날 수도 있다. 그리하면 이후에 먹잇감을 발견했을 때 패자는 더 이상의 분쟁을 시도하지 않고 승자에게 양보할 것이다. 이렇게 계층적 사회 구조를 구축하는 현상은 동물 행동을 연구하는 학자들에 의해 야생이나 감금된 상태 모두에서 자주 관찰된다. 겨루기는 둘 이상의 개체가 탐내는 자원이 등장했을 때 종종 일어나는데, 여기에서 주어지는 포상은 차후 원하는 자원을 보다 쉽게 얻게 해 줄 사회적 지위의 상승이다.

사회적 지위를 향한 경쟁이 동물 세계에 일반적으로, 널리 존재한다는 사실은 최근에서야 알려지게 되었다. 다윈과 이후 몇 세대에 걸친 다윈주의 신봉자들은 이러한 경쟁을 명료하게 인식하지 못했는데, 암컷과의 짝짓기 기회를 놓고 수컷들이 경쟁을 벌일 때 겨루기가 가장 뚜렷하게 드러난다는 사실로부터 다윈은 자연 선택과는 별도로 작용하는 특수한 진화의 요소로서 '성 선택(sexual selection)'을 제안했다. 성 선택은 보통 수컷 간 경쟁에서 일어나며, 이 경쟁의 승자는 1마리 이상의 암컷과 교미할 기회를 갖게 되며 패자는 짝짓기를 단념해야 한다. 사회적 지위를 향한 경쟁은 종종 암컷이 없을 때에도 일어난다. 예를 들면, 많은 철새 수컷들이 봄철 이동 때 암컷들보다 먼저 목적지에 도착해 수컷들 간에 사회적 계급을 형성해 놓는다.

동물 중에는 교미를 위해 수컷들끼리 직접적으로 싸움을 벌이는 종도 있는데, 발정기 수사슴들의 결투가 좋은 예이다. 반면에 수컷들이 서로 암컷에게 거대한 꽁지를 펼쳐 보이며 우회적으로 경쟁하는 종도 있는데, 공작이 그 전형적인 예다. 겨루기 경쟁은 수컷들 사이의 일이지만 승자는 암컷들에게 가장 강한 인상을 주게 된다. 영역 다툼을 하는 동물들의 경우 영역 경계 부근에서 서로를 위협하거나 실제로 결투를 벌인다. 승자가 번식 서식지 선택에서 더 큰 영역을 차지하고, 패자는 더 열악한 서식지나 작은 영역에 정착한다. 암컷들은 알을 낳기에 더 좋은 장소를 추구함으로써 간접적으로 수컷을 선택할 것이다. 영역을 수호하는 다른 종들에서는 수컷이 암컷에게 적극적으로 구애해 자신의 보금자리로 유인해야 한다. 번식 행동과 성 선택을 다룬 권위 있는 연구들에서 자주 등장하는 큰가시고기(threespine stickleback) 수컷들은 둥지를 틀기 좋은 장소를 지키기 위해 다른 수컷들을 위협하고 싸운다. 그러고는 둥지를 짓고 계속해서 다른 수컷들을 쫓아내는 한편 암컷을 유인한다.

다윈은 자신이 구상한 자연 선택 이론으로 설명이 잘 되지 않는, 동물들의 여러 눈에 띄는 형질을 보고 성 선택 이론을 제안하게 되었다. 그러한 형질들은 개체들의 생존 경쟁에 도움이 되기보다는 오히려 방해가 될 것 같았다. 정상적인 비행이 어려울 정도로 무거운데다 눈에 잘 띄는 공작의 구애 꼬리가 그 한 예이다. 일반적으로 이러한 독특하고 짐스러운 특성들은 암컷이나 어린 개체보다는 성체 수컷에서, 그것도 주로 짝짓기 기간에만 나타난다.

다윈은 수공작의 장식적인 깃털이 살아가는 데 불편함과 위험을 주는 큰 부담일지 모르지만 그것을 과시함으로써 다른 수컷과의 짝짓기 경쟁에 유리해진다면 선택될 수도 있다고 생각했다. 그러한 짐이 명백히 무기로 이용되는 경우도 있다. 번식기마다 새로 돋아나는 수사슴의 뿔이 좋은 예이다. 그밖에 성 선택된 특징들은 오직 암컷에게 구애하기 위해 과시하는 데, 혹은 경쟁자를 위협하는 데, 혹은 둘 다에 사용된다.

성 선택은 현대 생물학에서 일상적으로 쓰이는 개념이다. 같은 종 내 개체들 사이에서 일어나는 겨루기 경쟁과 관련하여 성 선택은 아마도 다른 종류의 선택보다도 중요한 보편적 진화 요인으로 생각되고 있다. 성 선택 개념은 동물들의 경쟁적 행동이나 무기 생산, 과시 등에 대한 설명을 넘어 수많은 생리적 과정과, 식물에서의 꽃 과시와 꽃에 운반된 꽃가루 중 일부가 선택적으로 수정되는 현상을 해명하는 데까지 확장 적용되고 있다. 그러나 다윈 시대에 성 선택의 중요성을 간파한 생물학자는 다윈뿐이었으며, 그 또한 성숙한 수컷의 특정 형질들을 설명하는 데에만 이 개념을 사용했다. 다윈보다 어떤 면에서는 더 극단적으로 자연 선택을 옹호했던 월리스는 다윈의 성 선택 이론을 거의 쓰지 않았다. 그는 암컷을 겨냥한 듯한 수컷의 과시 행동에 암컷들이 영향을 받을 것이라는 생각을 비웃었다. 동물 행동학을 연구하는 생물학자들조차 1950년대까지 성 선택을 거의 언급하지 않았다. 이런 사실만으로도 다윈은 시대를 한참 앞서간 사람이었다.

그러나 많은 현대 생물학자들은 다윈이 성 선택을 자연 선택과 별개의 과정으로 생각한 것은 잘못이라는 데 의견을 같이 한다. 오늘날에는 성 선택을 사회적 지위를 위한 특별한 범주에 속하는 선택, 말하자면 자연 선택의 한 종류로 본다. 이는 한 개체가 속한 종의 다른 구성원들도 그 개체에게는 살아가는 환경의 일부이며, 따라서 그에 대한 적응이 일어나리라는 것을 깨달았음을 의미한다. 사회적 지위란 항상 공급이 부족한 종류의 자원이다. 우두머리 늑대는 필요로 하는 모든 것을 차지하고 있다. 물론 자신이나 다른 늑대들에게 큰 대가를 지불하고서 말이다. 하지만 그 외 늑대들은 모두 자신들이 가진 것 이상을 필요로 하며 그것을 얻기 위해 무엇이든지 할 것이다. 먹이와 달리 한 개체의 사회적 지위는 다른 종에게 빼앗길 수 있는 종류의 자원이 아니다. 페럿(ferret)은 토끼를 사이에 두고 여우와 경쟁할 수는 있으나, 결코 여우 집단 내에서의 사회적 지위를 획득하기 위해 여우와 경쟁하지는 않는다('거의 경쟁하지 않는다.'라고 말하는 편이 나을지도 모르겠다. 1세기에, 말 인시티투스(horse Incititus, 로버트 그레이브스(Robert Graves, 1895~1985년)가 1934년에 출간한 소설 『나는 황제 클라우디우스다(*I, Claudius*)』에 나오는 말의 이름.—옮긴이)는 수많은 하층

계급의 인간을 제치고 인간 사회에서 높은 지위를 얻었으니 말이다.).

다윈은 학자이자 자연사 여러 부문의 전문가로서, 그리고 진화론이 받아들여지는 데 기여한 업적으로 빅토리아 시대에 높은 명성을 누렸다. 그러나 돌이켜 보면, 그는 자연 선택이 적응적 변화를 일으키는 주된 힘임을 설득시키는 데에는 실패했음을 알 수 있다. 다윈이 사망한 1882년부터 1920년대까지, '변이를 수반한 유전(descent with modification)' 이라는 그의 진화론 개념은 생물학자들 사이에서 널리 인정받았으나 자연 선택과 성 선택이 그 변화를 가져오는 원인이라는 생각은 받아들여지지 않았다. 당대의 유명한 학자들까지도 진화란 그 자체로 계속 진행되고자 하는 모종의 힘을 가지고 있다는 정향 진화설 유의, 오늘날 들으면 순진하고 허무맹랑한 반대 이론을 내세웠다. 일부 학자들은 여전히 다윈의 진화론보다 라마르크의 학설을 선호하고 있었다.

자연 선택과 진화의 억제

역설적이게도 오늘날 자연 선택 개념은 많은 경우 진화보다는 진화가 일어나지 않는 경우와 연관되어 인용된다. 주둥치가 발광체를 갖게 된 것이 자연 선택 때문이라면, 자연 선택은 진화적 변화에 의해 그 발광체가 사라지지 않도록 방지하는 역할도 하고 있을 것이다. 살아 있는 생명체의 진화적 잠재력에 대한 풍부한 연구 덕분에 우리는 그들이 오늘날 보통 관찰되거나 화석 기록에 나타난 것보다도 훨씬 빠르게 진화할 수 있다는 사실을 알고 있다. 자연 선택이 주로 하는 일은 생명체가 지닌, 현재 최적의 상태로 발달되어 있는 형질들에서 이탈하는 것들을 추려 내는 것이다. 예를 들어 새들 중 어떤 종에서 평균 날개 길이가 20센티미터라면 19센티미터나 21센티미터의 날개를 가진 개체들은 다소 불리할 것이다. 그 개체들은 성체가 될 때까지 생존할 확률도 적고 그 후에도 낮은 번식률과 생존율을 보일 것이다. 야생에서 일어나는 자연 선택을 다룬 한 전형적인 연구가 그 증거를 정확하게 제시해 준다. 1899년 영국의 생물학자 허먼 캐리 범퍼스(Herman Carey Bumpus, 1862~1943년)가 폭풍우에 죽은 참새들의 날개 길이를 재 보았다. 그 결과 폭풍 때 죽은 참새들에서 평균보다 현저하게 크거나 작은 날개를 지닌 개체들의 비율이 전체 참새 개체군에서보다 훨씬 크다는 사실을 알 수 있었다.

날개 길이나 인슐린 생산, 피부색 등의 형질은 중간 정도의 발달을 보이는 것이 유리하다는 이론을 '안정화 선택(normalizing selection)' 혹은 '최적화(optimization)'라고 한다. 자연계에서 일어나는 선택은 대부분 이런 식으로, 세대를 거치며 평균값에서 눈에 띄게 변화하는 것보다는 평균값을 유지하려는 방향으로 일어난다고 여겨진다. 심지어 약한 방향성 선택(directionl selection)도 일어나면 대개 시정된다. 자연 선택이 간간이 일어나는 불리한 돌연변이나, 환경 조건이 다른 곳에서 이주해 온 개체에 의해 유입되는 지역적으로 부적응적인(maladaptive) 유전자들을 솎아 내지 않는다면, 그 집단은 적응성이 낮아지는 쪽으로 진화할 것이다. 그래서 다윈이 진화의 주요 원인이라고 제안한 자연 선택 과정이, 오늘날에는 주로 진화를 '방지(prevent)'하는 역할을 하고 있다고 생각된다. 아리스토텔레스(Aristoteles, 기원전 384~기원전 322년)가 2,500년 전에 야생 동식물을 관찰해 남긴 기록이 오늘날의 그 동식물 자손들에까지 정확하게 적용되는 것은 자연 선택이 진화를 막아 왔기 때문일 공산이 크다. 사육 동물이나 재배 식물의 경우에는 아리스토텔레스가 관찰한 것과 오늘날

농가에서 기르는 것이 서로 상당히 다른데, 그 이유는 인위 선택이 진화를 가속시켰기 때문이다.

형질의 최적화라는 개념은 인간이 스스로의 신체나 다른 생명체의 기능을 이해하고자 처음 시도한 때부터 줄곧 우리 곁에 있었다. 1장에서 보았듯이 아리스토텔레스나 갈레노스는 이 개념을 습관적으로 사용했다. 영국의 철학자 데이비드 흄(David Hume, 1711~1776년)은 1779년에 생체 메커니즘들의 정량적 정확성을 이렇게 고찰했다(사후 그의 조카에 의해 출간된 『자연과 종교에 관한 대화(*Dialogues Concerning Natural Religion*)』 2장의 내용. —옮긴이).

> 이렇게 다양한 기계들은 아주 미세한 부분에 이르기까지 서로 잘 맞도록 정확하게 조절돼 있어서, 이들을 한번이라도 자세히 살펴본 사람이라면 감탄해 마지않을 것이다. 자연계에서 목적 달성을 위해 진화된 방법들이 보이는 신기한 적응은, 그 정도에 있어서는 자연계에 훨씬 못 미치지만 인간이 고안해 낸 발명품들이 보이는 적응과 꼭 닮았다.

여기에서 무신론자 흄과 정통 기독교인 페일리 사이에 존재하는 생명체에 대한 감탄의 유사성을 놓치지 말자(1장 참조). 두 사람 다 명석한 사고를 지닌 예리한 자연 관찰자였다.

최근에는 최적화 개념이 그것이 명확히 적용되기 어려운 생물학 분야에까지 확장되었다. 생명의 역사나 동물의 행동에 관한 최근의 많은 연구들이 좋은 예이다. 생물학자들은 이제는 난자의 크기나 수, 배우자 선택, 동물들의 계절적 이동 시기 등에 있어서까지 최적화를 논한다. 또한 벌 한 마리가 꽃 무더기 하나에 얼마나 오래 머무를 것인가, 벌집으로 돌아가기 전까지 얼마나 많은 양의 꽃가루와 꿀을 딸 것인가, 하루 중 어느 때에 양식을 구하러 나갈 것인가 하는 것들을 설명하고 예상하는 데에도 이 개념을 활용하고 있다.

다윈의 시대에, 그리고 이후 수십 년 동안 많은 뛰어난 생물학자들이 자연 선택보다 더 빠르게 변화를 일으킬 수 있는 진화적 적응의 힘을 입증하고자 용감하게 투신했다는 것은 역설적이다. 그들은 다윈이 제안한 대로 그렇게 미약하고 오도될 수 있는 과정들이, 아무리 충분한 시간을 두고 일어났다 해도, 실제로 우리가 관찰하는 생명의 복잡성과 다양성을 만들어 낼 수 있다는 사실을 도저히 납득할 수 없었다. 하지만 지금에 와서는 오히려 무엇이 그토록 진화를 느리게 만드는지 의심하는 것이 유행이 되었다. 현존하는 생명체 중 몇몇은 수억 년도 더 전에 살았던 조상과 거의 유사하다. 아이오와 대학교의 저명한 유전학자인 로저 밀크먼(Roger Milkman)의 표현대로, "일상에서 눈에 보이는 가장 큰 자연 선택의 효과는 표현형(phenotype)을 안정시키고 현상(status quo)을 유지하는 것이다. 진화라는 거대한 파노라마는 소수의 색다른 개체들에 의해 이루어진다."라는 것이 정설이다.

최근의 경향은 자연 선택이 진화의 거대한 파노라마를 만들어 낼 수 있는지를 의심하는 것이 아니라 자연 선택이 안정성을 유지할 수 있는지를 의심하는 것이다. 선택이 개체군 내 유전자의 유실이나 유지보다 높은 차원에서도 일어난다는 주장도 있다. 진화하고 있는 개체군 내에서 대개의 돌연변이들이 제거되듯이 가장 최근에 형성된 생명체 무리를 추려 내는 식으로 전체 진화 계통의 멸종도 일어날 수 있다는 것이다. 그러므로 개체군 내에서 일어나는 선택과 마찬가지로 전체 개체군 혹은 보다 큰 생물 집단들에서 일어나는 자연 선택도 주로 현상 유지와 관련이 있다.

유전학, 분자 생물학 그리고 신다윈주의

"자식은 부모를 닮는다(like begets like)."라는 다윈의 모호한 일반 법칙은 자연 선택의 기본 논리에는 적당한 전제지만 정량적인 추론을 가능하게 하지는 않는다. 왜 자식은 부모를 닮아야 하는지와 같은 물음에 어떠한 단서도 주지 않는 것이다. 오늘날 우리는 진화에 대해 19세기보다 훨씬 엄밀한 사고를 할 수 있도록 해 주는 상세한 유전학 이론을 갖고 있다. 과학 분야별 역사는 대개 기원이 모호하지만 유전학만은 예외이다. 유전학은, 정확히 1860년대 아우구스티누스 수도회 수도승 그레고어 요한 멘델(Gregor Johann Mendel, 1822~1884년)이 수도원 정원에서 기른 완두콩에서 비롯되었다. 멘델은 1868년에 연구 결과를 발표했지만 그 논문은 이후 19세기 나머지 기간 동안 완전히 묻혀 있었다. 1900년대 초 각기 다른 생물을 이용해 유전 현상을 연구하던 몇 명의 생물학자들이 그 논문의 가치를 재발견했다. 그들이 늦게나마 한 외로운 과학자가 완성한 연구의 깊은 의미를 깨달은 것이다.

멘델이 발견하고 이후 학자들이 재확인한 것은, 뚜렷이 다른 형질을 보이는 개체들을 교배시키면 다음 세대에서 그 대비되는 형질들이 예상 가능한 비율로 나타난다는 것이다. 부모 세대가 지닌 짧은 줄기와 같은 형질이 바로 다음 자손 세대(잡종 제1세대.—옮긴이)에서는 전혀 보이지 않고 긴 줄기(우성 형질)만 나타날 수도 있다. 잡종 제1세대끼리의 교배에서 나온 세대(잡종 제2세대.—옮긴이)는 그들의 부모 세대에서는 안 나타났던 짧은 줄기(열성 형질)를 25퍼센트의 확률로 나타낸다. 잡종 제1세대를 열성인 혈통과 교배하면 긴 줄기와 짧은 줄기(우성과 열성)를 가진 자손이 거의 같은 수로 생산된다.

이러한 규칙(Mendelian ratios, 멘델의 법칙)은 정확하게 조절되는, 일종의 입자에 의한 유전 현상으로 설명될 수 있다. 오늘날 우리는 그 유전되는 입자를 '유전자(gene)'라고 부른다. 유전자는 자신의 성질을 유지하면서 다음 세대로 계속 전달되는 입자이다. 하나의 유전자는 유전되든가 안 되든가, 전해지든가 않든가 둘 중 하나이지 그 중간 상태란 존재하지 않는다. 1930년경이 되자 특별한 기술의 도움으로 분열하고 있는 세포들을 눈으로 볼 수 있게 되었고 염색체상에서 유전자들이 일렬로 늘어서 있다는 것이 확인되었다. 염색체는 각각 모계와 부계에서 온 염색체가 쌍을 이뤄 존재하며 각 염색체상의 유전자 배열은 동일하다. 그러므로 한 쌍의 염색체는 한 쌍의 유전자를 뜻한다. 모계에서 전해 받은 유전자와 부계에서 받은 유전자가 다를 때, 생물학자들은 이들을 서로에 대한 '대립 유전자(allele)' 라고 부른다.

한 개체가 난자나 정자를 형성할 때 염색체 쌍들(상동 염색체(homologous chromosomes))은 정렬하여 대응하는 부위에서 부분적으로 유전자를 교환한 후 다시 분리, 각기 다른 생식 세포에 무작위로 들어가게 된다. 염색체의 부분적인 교환과 무작위적인 분리는, 궁극적으로 부모 세대가 지닌 두 대립 유전자를 자손 세대에서 각기 다른 개체로 들어가게 한다. 모든 유전자가 세대를 거쳐 영원히 자손에게 전달되지만 유전자 조합(유전자형(genotype))은 유성 생식이 일어나는 한 같은 것이 없이 거의 무한하게 계속해서 변한다. 이 말에 내포된 의미는 반드시 기억해 둘 필요가 있다. 여러분은 유전자의 반은 어머니에게서, 나머지 반은 아버지에게서 물려받았으며 1/8은 각기 증조부와 증조모로부터 받았다. 여러분의 아이들은 여러분 유전자의 1/2을 가질 것이며 손자들은 1/4을 갖게 될 것이다. 여러분은 과거로부터 전해 내려온 유전자라는 유산의 운반자인 셈이다. 각 위치에 있는 대립 유전자 각각은 고유한 역사를 지니고 있다. 어쩌면 그 역사는 돌연변이에 의해 시작된 기원으로까지 거슬러 올라갈지도 모른다. 그러나 여러분의 유전자형은 여러분이 잉태되기 전에는 결코 존재하지 않았으며 앞으로도 결코 다시 생겨나지 않을 것이다.

20세기 초반에는 유전자의 화학적 본질이 상당히 불명확했다. 돌이켜 보건대, 1940년대에 와서야 유전자가 곧 데옥시리보핵산(DNA)이라는 것이 거의 확실해졌다. 그때까지 떠돌던 수많은 의혹들은 1953년 제임스 듀이 왓슨(James Dewey Watson)과 프랜시스 해리 컴프턴 크릭(Francis Harry Compton Crick)의 유명한 연구에 의해 영원히 잠재워졌다. 그들은 DNA의 화학적 구조를 상세히 규명했으며 그것이 세포 분열에서, 그리고 다세포 생물에서 어떻게 각 세대 간 정보 전달의 매체 역할을 하는지 보였다. 왓슨과 크릭 덕분에 우리는 유전자가 입자적일 뿐만 아니라 '디지털(digital)' 적이기도 하다는 사실을 알게 되었다.

디지털화된 정보의 다른 예로는 26개의 알파벳으로 인쇄된 영어 단어, 10개의 문자로 이루어지는 아라비아 숫자, 모스 부호, 이진법 기호로 된 컴퓨터 언어(computerese) 등이 있다. 유전 암호는 A, T, G, C로 줄여서 부르는 4종류의 분자로 이루어진다. 이들 중 3개가 단백질의 기본 재료인 아미노산(amino acid) 하나를 지정한다. 예를 들면 C-A-G는 아미노산 글리신(glycine)을 지정한다. 만일 이 암호가 C-C-G로 변화되면, 단백질은 글리신이 있어야 할 자리에 아미노산 프롤린(proline)을 갖게 된다. 한편, C-A-G를 C-A-A로 바꾸는 것은 아무런 영향이 없다. C-A-A가 지정하는 아미노산 역시 글리신이기 때문이다. 이것은 유전 암호에서 많이 나타나는 중복(redundancy) 현상이다. 영어에서 gray와 grey가 똑같이 회색을 뜻하는 것과 마찬가지로 다른 DNA 서열(여기에서는 유전 암호를 뜻함.—옮긴이)이 기능적으로는 동의어가 되기도 하는 것이다. DNA 암호의 이해는 진화를 이해하는 기본이다.

어느 생물의 한 개체군에서 특정 유전자를 이루는 수천 개 염기쌍 중 C-A-G 서열이 수많은 세대 동안, 이를테면 효소와 같은 단백질에 글리신을 정확히 지정해 넣어 왔다고 상상해 보자. 이 유전자를 이토록 놀랍도록 안정시키는 메커니즘에 대해서는 5장에서 논의하겠지만 지금은 우선 어떤 메커니즘도 절대적으로 신뢰할 수는 없다는 것을 지적하고자 한다. 아주 드물게 C-A-G가 C-C-G 같은 다른 서열로 변할 수도 있다. 그 결과 생기는 효소는 새로운 염기 서열을 지닌 세포들로 이루어져 글리신이 있어야 할 자리에 프롤린을 가질 것이다. 이는 그 효소의 작용에 상당한 정도로, 혹은 어쩌면 미약한 정도로 영향을 주거나 거의 영향을 주지 않을 수도 있다. 만일 그러한 변화가 개선을 가져온다면, 자연 선택은 개체군 전체에 걸쳐 염색체상의 바로 그 자리에 C-A-G 대신 C-C-G를 지닌 대립 유전자를 바꾸어 넣을 것이다.

새로운 돌연변이는 우연히 사라져 버릴 수 있다. 어떠한 새로운 대립 유전자도, 심지어 상당한 이득을 주는 돌연변이라도 그리 될 수 있다. 그러나 돌연변이는 한정된 빈도로 일어난다. 만약 C-A-G가 C-C-G로 변할 확률이 하나의 생식 세포(난자 혹은 정자)에서 100만분의 1이고 한 세대의 개체 수가 1,000이라면 돌연변이는 1,000세대에 한 번씩 나타날 것이고, 개체 수가 1만이라면 10배 더 자주 나타날 것이다. 많은 생물에서 이 정도는 진화적으로 무의미하다. 머지않아 이로운 돌연변이가 나타나 원래 자리에 있는 조상 대립 유전자를 대체할 것이다.

멘델의 유전학 이론이 지닌 뛰어난 장점은 그것을 진화에 적용했을 때 정량적이고 정확한 사고를 가능하게 한다는 데 있다. 이것이 바로 1930년대에 확립된 개체군 유전학(population genetics)이 다루는 주제이다. 개체군 유전학에서는 돌연변이율, 동일 염색체상 유전자들의 재조합률, 더 나은 적응을 보이는 돌연변이 유전자형에 의해 대립 유전자가 대치될 확률, 개체군 크기나 그 외 변수들에 의해 기대치로부터 편차가 나타나는 정도가 변할 때 둘 사이의 함수 관계, 열성 유전자와 우성 유전자가 보이는 이러한 비율들의 차이, 그 외에 진화에 미치는 다른 영향 등등의 정량적인 내용을 다룬다. 이런 정량적인 변수들은 대수적으로 서로 관련돼 있으며 대수 방정식의 해(解) 형태로 진화적인 결론을 이끌어 낼 수 있다.

예를 들면, 자연 선택의 효과는 우리가 직관적으로 생각하는 정도보다 훨씬 막강하며 짧은 진화 기간 동안에 현저한 변화를 달성할 수 있음을 정량적인 계산으로 증명할 수 있다. 회색의 진하기 정도와 이러한 형질에 영향을 주는 새로운 돌연변이가 나타날 확률이 적당한 수준으로 유지되는 1,000마리의 회색말 개체군을 상상해 보자. 1세기에 한 번씩 이 개체군을 찾아가 가장 색이 옅은 표본들을 골라 제거한다. 단순한 계산으로도 우리는 이러한 조작을 통해 100만 년 내에 이 회색 말 개체군을 완전히 새까만 색으로 변화시킬 수 있음을 쉽게 증명할 수 있다.

최근에 스웨덴의 학자들은 이보다 더 놀라운 결론에 도달했다. 그들은 빛에 대해 자극 감응성을 지닌 원시적인 동물 세포 덩어리 약간만 있으면, 그리고 그 세포들이 적당한 수준의 돌연변이율에 의해 감응성, 몸에서의 위치, 그것들을 덮고 있는 조직의 투명한 정도, 기타 관련된 변수들에 영향을 받는다면, 불과 40만 년 정도면 그 세포 덩어리를 척추동물의 눈으로 충분히 진화시킬 수 있음을 증명해 보였다. 이것은 다세포 생물이 지구상에 처음 출현한 이래 지내 온 시간의 1,000분의 1도 안 되는 짧은 기간이다. 이 사례는 특별히 흥미로운데, 왜냐하면 다윈의 비판론자들은 오랫동안 눈을 자연 선택과 같은 근시안적인 과정이 만들어 내기에는 너무나 복잡하고 정교한 기관의 예로 들어 왔기 때문이다.

진화 과정에 대한 우리의 직관은 새로운 아이디어를 위한 훌륭한 자원이 되지만, 결론을 이끌어 내는 원천은 되지 못한다. 결론은 실제적으로 표현된 수학 방정식이나 면밀히 고안된 그래픽 모델과 같이 정확하고 정량적인 사고를 근거로 해야 한다. 그리고 그러한 사고는, 화석 표본들에 대한 일련의 측정이 무엇을 밝혀낼 수 있을지, 특정한 환경에서 생장하는 미생물에 대한 실험은 어떤 결과를 보이는지 등에 관해 현실적으로 검증 가능한 예측을 할 수 있는 방향으로 초점을 맞추어야 한다. 적정한 과학적 엄밀성을 유지하는 것은, 물론 유능한 과학자에게도 그리 쉬운 일은 아니다.

3 무엇을 위한 설계인가?

> 인체의 각 부분들이 기계의 부품처럼 어떤 목적, 즉 어떤 작용을 위해 존재한다면, 전체로서의 인체는 무엇인가 복잡한 작용을 위해 존재하는 것이 분명하다.
>
> -아리스토텔레스

1947년에 내가 대학에서 생물학 강의를 수강할 때 읽은 생물학 교과서는 자연 선택 이론을 다음과 같이 설명하고 있었다.

1. 개체들 사이에는 모든 단계의 **변이**(variation)가 존재한다.
2. 모든 종은 그 수가 **기하급수적인 증가**(geometric ratio of

increase)에 의해 엄청나게 불어날 수 있다. 그럼에도 불구하고 모든 종에서 개체군의 크기는 대체로 일정하게 유지되는데 그 이유는…… 수많은 개체들이 제거되기 때문이며, 그 요인은…….

3. **생존 경쟁**(struggle for existence), 즉 자연에서 특정 조건에 부적합한 변이를 지닌 개체는 제거되고 유리한 변이를 지닌 개체는 계속 살아남아 번식한다.

4. 그러므로 **자연 선택 과정**이 작용하며 그 결과…….

5. **적자생존** 혹은 "선호되는 품종의 보존(the Preservation of favored races)"이 일어난다.

항목 5에서 큰따옴표로 표시한 말은 다윈의 저서 『종의 기원』의 부제에서 따온 것이다. 불행하게도 다윈은 자신이 사용한 품종(race)의 의미를 명확히 밝히지 못했다. 집비둘기 무리에서 새로운 깃털 모양이 출현하면 그것을 새로운 품종의 시작이라고 할 수 있을까? 아니면 그 패턴이 자손에서 유지되고 퍼져서 큰 집단의 특징으로 자리 잡아야만 새로운 품종이라 할 수 있을까? 야생 동식물들이 보이는 개체 간의 차이는 품종의 차이라고 할 수 있을까? 자연계에서 품종은 주로 다른 지역에 퍼져 서식하고 있지만 한 종(species)에 속한 것으로 보이는 개체들의 집단을 뜻할까? 다윈의 시대에는 이렇게 다른 지리적 영역에 있는 변이체들을 '품종'이라기보다는 '변종(variety)' 혹은 '아종(subspecies)'이라고 불렀다. 오늘날에는 '아종'이라는 용어가 선호되고 있다.

다윈이 그의 책 부제에서 '품종'을 어떤 뜻으로 썼든지 간에 다윈이 주창하고 1947년의 생물학 강의에서 다룬 자연 선택의 개념은 항목 1, 2, 3에 함축돼 있다. 자연 선택이 일어나는데 필요한 원재료는 서로 경쟁하는 개체들이 갖고 있는 다양성이다. 생물학 교과서에서 뒤이어 나오는 상세 설명도 그 점을 분명하게 지적하고 있다. 그 후 20여 년간 사용된 다른 교과서들도 하나같이 자연 선택은 같은 지역에 살고 있으며 경쟁 관계에 있는 개체들 사이에서 작용한다고 기술해 왔다. 1970년대부터는 이를 좀 더 구체적으로 표현하기 시작했고, 개체들 간에 일어나는 자연 선택은 강하게 작용하지만(따라서 진화에 큰 영향을 준다.—옮긴이) 서로 다른 품종이나 집합체 사이에서 일어나는 자연 선택은 대체로 진화 과정에 미약한 영향을 준다고 주장했다.

그로부터 몇 년 뒤 나는 대학원에서 해양 생태학 세미나를 들게 되었다. 주제는 큰 물고기에게 잡아먹히지 않기 위해 작은 물고기가 보이는 적응에 관한 것이었다. 독이 있는 고기가 한 예로 나왔다. 무게 10킬로그램의 꼬치고기(barracuda)는 독이 있는 1킬로그램짜리 퍼치고기(perch)를 잡아먹으면 죽거나, 죽지는 않는다 하더라도 병들게 되므로 그러한 종류의 먹잇감을 사냥하는 일을 미래에는 단념하게 될 것이다. 그 세미나의 의장을 포함해 대부분의 학생들이 생물의 독은 스스로를 보호하기 위한 적응의 아주 좋은 예라는 데 동의했다.

그런데 그 이론에 대해 회의적인 시각을 지닌 이가 하나 있었으니, 그의 이름은 머리 뉴먼(Murray A. Newman)으로, 훗날 밴쿠버 시에 있는 웅장한 공립 수족관 관장으로서 화려한 경력을 갖게 되나 아직은 외로운 반대자에 불과했다. 뉴먼이 말했다. "잠깐, 독이 어떻게 자기를 방어해 줄 수 있지? 포식자에게 이미 잡아먹혀 죽은 후에 그게 무슨 도움이 된단 말이야?" 나와 몇몇 참석자는 즉각 맹렬히 반격했다. "어리석은 소리 마, 머리. 독은 독을 가진 개체를 보호해 줄 필요가 없어. 독은 그 종 전체를 보호해 주지 않나." 더 이상의 이의는 없었고 토론은 계속되었다. 그러나 지금 생각해 보면 머리가 정말 그 말에 수긍했을까 싶다. 나 또한 세미나 당시에는 그렇게 생각했지만 그러한 확신은 강하지도, 오래가지도 않았다. 나는 교과서에서 설명하는 식의 자연 선택 이론과 통상 자연 선택을 일으키는 요인이라고 생각되는 '종에 이로운(good of the species)' 적응이라는 개념 사이에서 괴리를 느끼며 점점 더 마음이 편치 않아졌다. 진화론을 순전히 개체들 간의 자연 선택으로 설명하는 교과서가 그와 일치하지 않는 예들을 무심히 나열하는 경우도 허다했다.

적응의 궁극적인 목적은 무엇일까?

1장의 요점은, 생명체의 각 부분들은 기능적으로 잘 설계돼 있다는 것이었다. 즉 눈은 보기 위해, 손은 조작을 위해 잘 만들어졌다는 뜻이다. 그렇다면 시각과 조작 기능은 무엇을 위해 존재하는가? 그것은 생명을 지탱해 주는 많은 기능을 수행하기 위함이며, 시각과 조작 기능이 없다면 훨씬 살아가는 데 힘이 들 것이다. 시각과 조작 기능은 대체로 동시에 필요한 것으로, 전자는 후자가 잘 기능할 수 있도록 돕는다. 장님이나 손이 없는 사람이 일정 규모의 불을 피우기 위해 필요한 만큼의 나무를 그러모으려면 오랜 시간이 걸릴 것이다. 그렇다면 불은 왜 필요한가? 요리나 단순 보온을 위해 필요하다. 그러면 요리나 보온은 왜 필요한가?

이런 식으로 꼬리에 꼬리를 물고 질문을 계속해 보아도 아마 얼마 가지 못할 것이다. 조만간 건강, 유용한 기술, 사회적 지위와 같은 가치에 다다를 것이다. 이 가치들은 왜 필요한가? 아리스토텔레스가 말한 "복잡한 작용(complex action)", 바로 그것을 위해서이다. 혹은 성공적인 번식을 위해서라고도 말할 수 있다. 적어도 현대 생물학자들의 해석에 따르면, 모든 적응은 궁극적으로 성공적인 번식이라는 복잡한 행동을 위해 일어나는 것이기 때문이다. 통상적으로 진화에서 신체의 생존은 번식의 가능성이나 그 한도를 확장시켜 줄 수 있는 경우에만 의미를 갖는다.

그러나 번식이란 인간과 같은 유성 생식을 하는 생명체에서는 다소 애매한 개념이다. 내게는 자식과 손자들이 있으나 그들 중 어느 세대에서도 나는 실제로 존재하지 않는다. 그 아이들 중 내 신체의 어느 한 부분이라도 물려받은 아이는 한 명도 없다. 나와 유전적으로 50퍼센트 이상 유사한 아이도 없다. 나는 꼭 한번만 존재하며, 복제될 수도 없고 죽어 버리면 그것으로 영원히 끝이다. 내 자손들이 내게서 생물학적으로 물려받는 것은 내 유전자에서 추출한 견본으로 한정돼 있다. 나는 내 아이들에게 1/2, 내 손자들에게 1/4의 유전자를 물려줄 뿐 2장에서 얘기한 대로 내 유전자 전체, 즉 나의 '유전자형' 그대로를 전달할 수 있는 방법은 없다(체세포의 핵을 난자에 이식하는 동물 복제와 같은 방법이 아니라면.—옮긴이). 그러므로 암수 성에 의해 유성 생식을 하는 생물에서 번식은 제한적인 의미를 지닌다. 그것은 한 유기체의 유전자형에서 분리된 단편에 해당할 뿐인 유전자들을 전해 주는 것이다. 어머니는 난자를, 아버지는 정자를 제공하는데 각 생식 세포에는 1벌의 염색체가 있으며 거기에 1벌의 유전자가 들어 있다(사람은 23종류의 염색체를 체세포에 2벌, 생식 세포에는 1벌 갖고 있다.—옮긴이). 난자와 정자의 유전자 조합으로 새로운 개체의 유전자형이 형성되고, 새로운 개체는 자신의 유전자형이 내리는 지령에 따라 성장해 나간다.

번식이 가장 궁극적인 적응이고 다른 종류의 적응은 모두 그보다 하위에 있는 듯 보이지만 이는 지나친 단순화이다. 왜냐하면 자식 생산이 한 개체가 미래의 후손에게 자신의 유전자를 남기는 유일한 방법은 아니기 때문이다. 생명체는 자기 친척의 생존과 번식을 도움으로써 자신의 유전자를 전달할 수도 있다. 그림 4에 나타나 있는 8개체들 간의 유전적 관계를 살펴보자. 5번 개체가 후손에게 그의 유전자(물결무늬로 표시된 부분)를 남길 수 있는 종합적인 능력을 가리켜 '포괄 적응도(inclusive fitness)' 라고 한다. 그리고 한 개체가 자신과 유전적으로 유사한 정도에 따라 개체들을 다르게 대하는 능력을 극대화시키는 진화적 과정을 '혈연 선택(kin selection)'이라고 한다.

유성 생식을 하는 개체군의 유전적 다양성과 균일성에 대한 논의들은 각기 다른 척도를 사용하기 때문에 종종 혼란을 불러일으킨다. "우리는 아직 유전자의 98퍼센트가 침팬지이다."라는 말은 명백히 침팬지와 인간 유전자 풀(pool)의 염기쌍(base pair)이 유사한 정도를 뜻한다. 만약 인간 세포에서 어떤 유전자 부분의 염기 서열이 GTTAGCC인데 유인원 세포의 같은 유전자 자리에서 그와 동일한 화학 물질(뉴클레오타이드(nucleotide))의 서열)이 발견된다면 둘은 그 부분에서 100퍼센트 같다. 그래서 어떻단 말인가? 하나의 유전자는 여기에서 예로 든 7개가 아니라 수천 개의 염기쌍들로 이루어져 있으며 두 유전자가 동일하다고

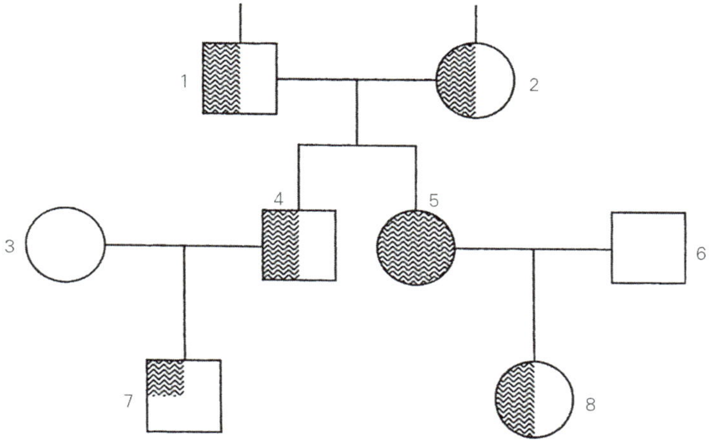

그림 4

유성 생식 집단에서의 혈연관계. 네모는 수컷, 원은 암컷을 나타낸다. 물결무늬는 5번 개체와 공유하고 있는 유전자를 뜻한다. 혈연 선택의 과정은 5번 개체가 아버지(1)의 생존과 번식을 자신의 생존과 번식의 1/2만큼 중요한 것처럼 아버지를 대하도록 하고, 자기의 사촌(7)은 1/4만큼 중요하게(나머지 개체들은 다 같음.) 다루도록 하는 식의 결과를 가져온다.

말하기 위해서는 그 수천 개의 염기쌍들이 하나도 빠짐없이 똑같아야 한다. 그러한 방식으로 정확하게 똑같은 유전자의 비율을 계산해 보면 인간과 침팬지 세포는 유전자의 1/3에서 1/4이 서로 다를 것이다. 인간 안에서도 두 개인의 유전자는 당연히 몇 퍼센트 정도 다르다(이 책이 출간된 후 2003년 인간 유전체 계획이 완성되어 침팬지와 인간의 염기 서열 차이는 약 1퍼센트, 인간 각 개인의 염기 서열 차이는 약 0.1퍼센트인 것으로 밝혀졌다.—옮긴이).

가계도에서 "그 아이는 배다른 형제와 25퍼센트로 유사하다."라고 말하는 것 역시 다른 의미를 지닌다. 25퍼센트의 유전자는 같은 부모로부터 왔으므로 틀림없이 말 그대로 똑같다. 다른 75퍼센트는? 그것은 알 수 없다. 많은 부분이 어쩌면 같을지도 모른다. 그 유전자들이 동일한 개체군에서 왔다는 것이 우리가 아는 전부이다. 우리는 그 유전자들을 개체군 유전자의 무작위 표본으로 여겨야 할 것이다. 그림 4에서 물결무늬로 표시한 유전자는 어떤 특정한 유전자를 뜻하며 전문적인 용어로는 '계통적으로 동일한(identical by descent)' 유전자라고 한다. 현대 진화론에서는 개체 5번이 자연 선택되는 것을 그 개체가 물결무늬로 표시된 유전자를 다른 경쟁 유전자들(물결무늬가 없는 부분의 것들)보다 더 높은 확률로 다음 세대에 전해 주는 것과 결부시킨다. 이런 이유에서 번식 성공이나 적자생존보다 '유전적 성공(genetic success)'을 논하는 것이 더 중요하다. 더 중요한 종류의 생존은 단순한 신체적 생존이 아니다. 신체적 생존은 한 개체의 생존을 넘어 유전적 생존으로 이어져야 한다.

유전적 다양성이 극히 적은 동종 번식 개체군(근친 간의 번식만 이루어지는 개체군.—옮긴이)을 가정해 보자. 이 개체군에 속한 어느 개체나 유전자의 99퍼센트가 다른 개체들과 완전히 같을 것이다. 그러나 혈연 선택 이론은 여전히 적용된다. 물결무늬로 표시된 부분은 완벽하게 같지만, 물결무늬가 없는 부분의 유전자들은 99퍼센트만 같기 때문이다. 99퍼센트의 유전자가 동일한 개체군에서는 자연 선택이 어느 정도로 일어날 수 있을까? 확실히 90퍼센트가 동일할 때보다는 적지만 99.9퍼센트일 때보다는 많이, 조금이라도 일어난다. 내가 여기에서 말하고자 하는 바는 다른 종류의 자연 선택에 적용되는 것과 똑같은 제약이 혈연 선택에도 적용된다는 점이다. 유전적 다양성이 전혀 없다면 자연 선택 과정은 작동되지 않으며, 다양성이 조금이라도 감소되면 자연 선택은 지체될 것이다. 유전적 다양성 없이는 자연 선택이든 그 어떤 다른 원인에 의해서든 진화란 있을 수 없다.

유성 생식을 하며 수천 이상의 개체가 있는 개체군에서는 유전적 다양성이 없으려야 없을 수 없기 때문에 그런 상황은 진화 생물학자들에게 거의 고려 대상이 되지 않는다. 또한 2장에서 이야기했듯이 생물학자들은 대부분 어떤 생명체가 왜 다른 형태가 아닌 바로 그 형태를 갖게 되었는지를 설명하는 데 자연 선택을 활용한다. 생물학자들은 그 생명체가 현재의 형태를 빠르게 진화시켰는지 느리게 진화시켰는지에 대해서는 관심을 두지 않는다(진화의 속도에 관한 것은 논외라는 의미이다. 저자나 리처드 도킨스 같은 진화학자들이 다윈의 점진설(gradualism)을 지지하는 반면, 2002년 타계한 스티븐 제이 굴드는 단속 평형설(punctuated equilibrium)을 주장했다.—옮긴이). 따라서 생물학자들은 연구 대상이 어떤 유전자 자리에서 10퍼센트 다르건 1퍼센트 다르건 별로 신경 쓰지 않는다. 어떤 경우든 장기적으로는 자연 선택에 의해 같은 상황에 도달할 것이고, 그러한 장기간의 사건이 실제로 일어났다고 보기 때문이다. 그들의 관심사는 자연 선택에 의한 진화적 변화가 아니라 자연 선택에 의해 이미 확립된 진화적 평형 상태이다.

유전적 성공이 근본적으로 중요한 이유

번식 성공과 유전적 성공의 차이는 벌목(Hymenoptera)의 진(眞)사회성(eusocial) 곤충(개미, 벌, 말벌)에서 뚜렷이 나타난다. 이 곤충들의 대단히 다양한 교미 체계나 사회 구조 같은 복잡한 사항은 잠시 접어 두고 이 집단의 전형적인 번식 유형을 살펴보자. 수태 가능한 암컷(여왕)은 수컷과 교미한 후 이전에 같이 살던 집단의 동료들과 함께, 혹은 혼자서 새로운 군체(colony)를 개척한다. 그리고 2종류의 알을 낳는데 하나는 수정시킨 것이며 다른 하나는 수정을 억제시킨 것이다. 미수정란은 여왕에게서 받은 염색체 1벌만 갖고 있으며 다른 개체에서 온 어떤 유전자도 갖고 있지 않다. 이 알들은 수컷으로 발생한다. 수정란은 여왕벌과 수벌로부터 각각 1벌씩 총 2벌의 염색체를 가지며 암컷으로 발생한다. 암벌들은 불임성의 일벌로 성장하여 여왕과 함께 거주하면서 번식을 제외한 무리의 모든 일을 도맡아 한다. 그러므로 일벌들은 모두 한 여왕벌에게서 난 딸들이며, 자신의 유전자를 넘겨줄 후손을 갖지 못한다.

그러나 일벌들은 데이비드 흄의 경탄을 자아냈던(2장 참고) 바로 그런 종류의, 나름대로 살아가는 데 적합한 뛰어난 적응을 보여 준다. 이런 적응이 정말 자연 선택에 의해 생성되고 유지될 수 있을까? 이 과정은 일반적으로 자신의 번식보다는 선조의 번식을 직간접적으로 돕는 형질의 유전에 의존하는 것으로 생각된다. 그런데 일벌이나 일개미는 번식을 하지 않으므로 어떤 일벌이나 일개미도 선조로부터 그러한 형질을 유전적으로 물려받을 수 없다. 이런 논리적 모순에 다윈은 충격을 받아 불임 일벌들의 적응이 "단번에 진화론을 무용지물로 만들" 가능성을 놓고 고심했다.

확실히, 자연 선택이 번식의 적자생존에 좌우된다면 일벌이나 일개미의 적응을 설명할 수 없다. 그러나 자연 선택이 번식보다는 유전적 성공의 적응도(fitness)에 기반을 두고 있다고 생각해 보자. 일벌이나 일개미는 번식을 하지 않지만, 그들의 유전자는 친척들 속에 다양한 비율로 존재한다. 친척들이 번식에 성공하면 그들은 자신의 유전자를 후손들에게 전달해 주는 것이 된다. 이 논리는 여기에서 예로 들고 있는 종류의 생활사(life history)에 꼭 맞게 적용된다. 일벌이나 일개미가 딸이나 아들을 낳는다면 자기 유전자의 절반이 각각의 자식에게 갈 것이다. 만약 일벌의 어미, 즉 여왕벌이 딸을 하나 더 낳는다면 그 일벌이 지닌 유전자의 3/4이 자매인 새 일벌에 존재할 것이다.

이 계산 논리를 이해하는 것이 중요하다. 일벌의 아비, 즉 여왕벌과 교미한 수벌은 미수정란에서 나왔기 때문에 1벌의 유전자만 갖고 있다. 따라서 수벌의 자손들이 아비에게서 받는 유전자는 모두 동일하며 그 유전자에 관한 한 그들은 쌍둥이나 다름없다(염색체를 1벌만 가지고 있기 때문에 두 상동 염색체 사이의 교차로 생기는 유전자 재조합이 일어날 수 없고, 따라서 유전적 다양성이 거의 없다.—옮긴이). 2벌의 유전자를 가지고 1벌씩을 무작위로 각각의 알에 넣는 여왕벌만이 모종의 유전적 다양성을 부여할 수 있다. 벌목의 자매들은 그러므로 서로는 3/4씩 연관되어 있으나 (자기가 새끼를 낳는다면) 자기 자손들과는 1/2씩만 유전적으로 연관성이 있게 된다. 일벌들에게는 스스로 번식을 하는 것보다 자기 어미가 번식을 하는 쪽이 보상(유전적 성공)이 더 큰 것이다. 그러므로 이 곤충 집단의 가계도는 앞서 본 그림 4와 좀 달라진다. 자매들 사이의 유전적 유사성은 3/4이고 암수 형제 사이의 유사성은 1/4이다. 수벌은 아비가 없으므로 누이가 아비로부터 받은 유전자를 하나도 갖고 있지 않다(그림 5).

이해하기 어렵다면 다음과 같은 혈연관계의 기본 정의만 잘 기억하면 된다. 한 개체의 어느 염색체상에 있는 임의의 유전자 하나를 지정해 따져 본다. 이 유전자가 같은 선조로부터 태어난 다른 개체에게도 갔을 확률은 얼마인가? 이것이 그 개

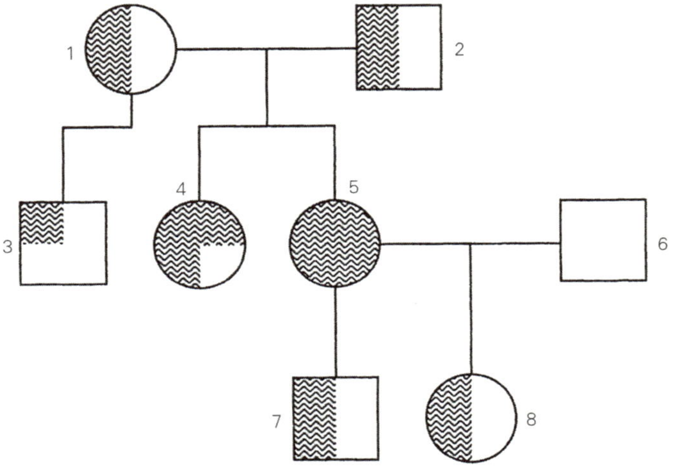

그림 5

암벌이나 암개미(5)와 다른 개체들의 연관성 정도를 나타내는 가계도. 특히 암컷 자매(4)와 수컷 형제(3)의 연관성 정도가 다름에 주목하라.

체와 다른 개체의 연관성 정도이다. 벌목에서 이런 관계는 비대칭적이다. 암컷에서 임의로 선택한 어떤 유전자가 수컷 형제에게도 존재할 확률은 25퍼센트이고 따라서 그 수컷은 암컷과 25퍼센트 연관되어 있다고 이야기한다. 그러나 수컷이 지닌 유전자가 암컷 형제에게도 있을 확률은 50퍼센트이고 따라서 그 암컷은 수컷 형제와 50퍼센트 유전적으로 연관돼 있다. 이러한 자매들끼리 유난히 가까운 연관성은 이 곤충의 암컷이 자신의 번식을 단념하고 어미의 번식에 헌신하는 이유를 설명하는 데 자주 쓰인다.

벌목에 속한 곤충들에서 이렇게 고도로 발달된 사회 조직이 12번 정도 독립적으로 진화했으며, 그런 사회는 예외 없이 암컷들로만 이루어져 있다는 사실은 이 이론을 확증해 준다. 수컷(수벌)은 벌집의 경제에 전혀 기여하는 바가 없다. 그들은 부화실에서 깨어나면 곧 집을 떠난다. 암컷들이 서로 3/4씩 연관성을 가진다는 사실은 사회 조직이 발달된 다른 목(目)의 곤충인 흰개미와 비교해 보면 그 중요성이 더욱 확실해진다. 흰개미는 일반적으로 유성 생식을 하며 암수 모두 수정된 알에서 나오므로 자매들 사이에 특별한 연관 관계가 없다. 그러므로 흰개미 사회는 암컷으로만 구성될 특별한 이유가 없으며 예상대로 흰개미 사회에서는 양성이 동등하게 일을 분담한다.

꿀벌 군체의 정교한 조직은 자신의 유전적 성공을 극대화하려는 각 개체들의 노력이 빚어낸 결과라 할 수 있다. 그러나 이러한 단순 법칙에 잘 들어맞지 않고 설명하기 까다로운 많은 세부 사항들 역시 존재하기 때문에 생물학자들 사이에는 이와 관련된 상당히 다른 시각도 있음을 짚어 둔다. 모든 벌목은 자매들끼리 75퍼센트의 연관성이 있는데도 불구하고, 그중에는 불임 일벌로 구성된 복잡한 사회 구조를 형성하지 않는 것들도 많다. 그러므로 이런 특수한 유전적 관계는 이 곤충류에서 복잡한 사회가 진화할 가능성을 보다 높였을 수는 있지만, 진화의 필요조건도 충분조건도 아니다. 비사회성 동물들 중에는 어미가 복잡한 양육 행동을 보이며 수컷의 도움 없이 혼자 새끼를 돌보는 종들이 많이 있다. 이들이 만일 정교한 사회 구조를 진화시키려 한다면 그 사회는 암컷으로만 구성되리라고 예견할 수 있지 않을까? 군체의 사회생활에서 수컷을 제외시키는 것은 단순히 수컷의 아비 역할을 배제해 버리는 것의 연장으로 볼 수 있다. 많은 사회성 동물 종에서 일벌들은 배다른 자매인 경우가 많은데, 이것은 여왕이 2마리 이상의 수컷과 교미하기 때문이다. 다시 말해 여왕의 딸들은 같은 아비를 두었을 수도 있고 다른 아비를 두었을 수도 있다. 이 복잡한 상황을 더욱 복잡하게 하는 것은, 여왕이 복수로 교미를 했더라도 한번에 생산해 낸

딸들은 주로 한 아비에서 왔을 수 있다는 점이다(그러므로 앞서 이야기한 일벌 자매들 사이의 3/4의 연관성을 사회성 동물 논의에 단순하게 그대로 적용할 수는 없다는 뜻이다. —옮긴이).

생물학과 같은 학문 추구의 커다란 즐거움은 누구나 어떤 주제로든지 자신의 이론을 세워 볼 수 있다는 데 있다. 많은 중요한 질문들에는 분명한 합의가 있고 딱히 반대할 이유가 없을 때에는 그것을 따르는 편이 현명하다. 하지만 벌목 곤충의 딸들이 지니는 75퍼센트의 유전적 연관성이 사회적으로 얼마나 중요한지에 대해서는 아직 결론이 내려지지 않았다. 한 가지 가장 근본적인 사실에 대해서는 의견이 일치하고 있는데 바로 진사회성 곤충에 속하는 개체들은 사회 조직이 얼마나 크고 복잡하든지 간에 자신의 유전자를 미래 세대에 전달하기 위해 헌신한다는 점이다. 그들은 가능한 적응 방법 중 하나를 택해 이 목적을 달성한다.

꿀벌의 유전적 성공을 위한 전략은 포유류의 전형적인 방식과는 전혀 다르다. 포유류의 적응이 주로 개체의 번식을 통해 개체의 이익을 돕는 것이라면, 꿀벌의 적응은 군체의 생존과 번식에 좌우되는 어미의 번식을 통해 개체의 유전적 이익을 돕는 것이다. 꿀벌이 꿀을 찾아다니는 시간과 같은 정량적인 값은 그 꿀벌 개체가 아니라 군체의 이익과 관련해 최적화될 것이다. 많은 관찰 결과들이 이러한 사실을 입증해 주었으며, 꿀벌의 군체가 모든 구성원이 절대적으로 집단의 이익을 위해서 헌신하는 엄격하게 조직된 사회라는 인상을 일관되게 주고 있다. 생물학자들은 진사회성 곤충들이 나타내는 이러한 적응적 조직의 복잡한 양상을 보고, 꿀벌 군체와 같은 실체를 가리켜 '초유기체(superorganism)'라는 용어를 제안했다.

집단을 위한 개체의 드문 희생

동일한 분석이 다른 생명체에서 개체의 적응이나 집단의 적응 목적을 밝히는 데에도 사용된다. 일반 독자들을 위한 자연사 이야기가 하나 있다. 연어는 자신의 종을 퍼뜨리기 위해, 분명히 자신은 죽을 것이 분명한데도 먹이가 풍부한 대양의 사냥터를 떠나 먼 산의 지류까지 강을 거슬러 올라간다. 산란하러 가는 연어의 행동은 정말로 자기 종의 보존을 위해 자신의 삶을 희생하는 것일까? 알을 낳는 행동은 자신의 유전자를 영속시키며 또한 당연히 종을 영속하게 하는 일이다. 연어의 진짜 목적이 둘 중 어느 것이든 무슨 상관이 있는가?

물론 상관이 있다. 자세히 관찰해 보면, 그들의 노력은 둘 중 한 가지 목적을 위한 것이 분명하다는 결론이 나온다. 암컷 연어는 특별히 알의 부화에 적합한 지역을 골라 자갈층 밑 안전한 곳에 알을 낳는다. 이를 위해서는, 이미 산란되어 있는 다른 알들을 밀어내기도 한다. 그렇게 밀려난 알들은 생존할 확률이 거의 없다. 만약에 연어가 심지어 다른 암컷보다 유전적으로 덜 성공하게 되는데도 이미 다른 알들이 차지하고 있는 장소를 피하여 다소 덜 선호되는 장소에 정착한다면, 연어 집단 전체의 생산성은 증가할 것이다. 그러나 산란기의 암컷 연어가 보이는 행동은, 집단 전체의 생산성에는 아랑곳없이 자신의 유전적 성공을 극대화하기 위해 노력할 때 그럴 것이라 기대되는 바로 그대로이다.

수컷들은 명백히 더 경쟁적이다. 수컷은 암컷이 낳아 둔 알을 수정시킬 기회를 얻기 위해 서로 치열하게 다툰다. 단 1마리의 수컷만 있어도 수많은 암컷이 낳은 알을 모두 수정시킬 수 있는데, 왜 연어 수컷들은 서로 싸우며 힘을 낭비하는 것일까?

수컷 연어가 보이는 번식 행동의 목표는 단 하나, 주변의 암컷이 생산한 알들을 자신이 최대한 많이 수정시키는 데 있다. 수컷 하나하나의 행동은 경쟁자보다 더 잘하려는 노력의 일환이지 전체적인 생산성이나 집단의 생존율, 혹은 전반적인 복지를 위한 것으로는 보이지 않는다.

아리스토텔레스 본인은 실패했지만, 그가 말한 "복잡한 작용"이 과연 무엇인가를 이해하는 데 특히 적절한 예가 있다. (1) 동물이든 식물이든 독립된 개체가 죽음의 위협에 처했을 때, (2)꿀벌 군체가 파괴될 위험에 처했을 때, (3)어느 개체군이 절멸의 위기에 처했을 때, 어떤 일이 일어날까? 앞의 두 질문에 대한 답은 같다. 개체나 군체는 비상조치를 취한다. 다시 말해 동물들은 맞서 싸우거나 도망치거나 은신처에 숨는다. 식물의 반응은 덜 뚜렷하나, 갑자기 많은 곤충에게 갉아 먹히는 공격을 당한 식물은 대개 자신의 물질대사를 변화시켜 성장보다는 방어용 독을 생산하는 데 더 많은 자원을 투입한다.

꿀벌 군체 역시 위협에 맞서 싸우는데, 특히 기능적 단일체로서 작용하는 방식으로 행동할 것이다. 꿀벌 개체들은 목숨을 걸고 방어하는 정도가 아니라 군체의 이익을 위해 적극적으로 자신을 희생한다. 벌은 침을 쏠 때 찌른 동물에게 딸려 가면서까지 동물의 체내로 활발히 독을 쏟아붓는다. 이 과정에서 침이 떨어져 나가고 자신의 존재 자체가 위협받을 수도 있다. 침이 망가지면 벌은 대개 죽지만 그 사실이 벌의 맹렬한 공격성을 감소시키지는 못한다. 이 행동은 벌에게 있어 무엇이 우선인지를 분명히 보여 준다. 즉, 벌의 행동에는 '내 목숨은 가치가 없다. 내 군체의 생존만이 중요하다. 그것만이 내 유전자가 살아남는 길이기 때문이다.' 라는 의사가 분명히 들어 있다.

멸종 위기에 처한 개체군, 예를 들면 개체군의 크기가 예전의 1퍼센트로 격감한 미국 유콘 강의 홍연어(sockeye salmon)는 어떻게 반응할까? 별다른 행동의 변화를 보이지 않는다. 연어 개체들은 전체 개체군에 미치는 영향은 아랑곳없이 이웃 경쟁자보다 번식적으로 더 크게 성공하기 위해 열을 올리는 일상적 행위를 계속해 나간다. 연어들은 개체에 가해진 위협에는 적응적인 방법으로 대처하지만, 개체군 멸종을 피할 수 있는 개체들 간의 조절된 행동은 전혀 보이지 않는다. 연어 개체군은 결코 꿀벌 군체와 같은 기능적 조직화를 나타내지 않는다.

집단에 해가 되는 개체의 적응

개체군이나 종에서 기능적 조직화의 부재는 실제로 생각보다 나쁜 결과를 가져온다. 왜냐하면 집단 내에서 일어나는 자연 선택은 집단 전체에 도움이 되지 않을 뿐만 아니라 해롭고, 그렇지 않으면 적어도 조직적 낭비를 초래할 수 있기 때문이다. 그 한 예가 개체군의 성비에 미치는 자연 선택의 효과이다. 왜 번식은 주로 암수 성에 의해 이루어지는가 하는 근본적인 질문은 5장에서 탐구할 것이다. 여기에서는 단성 생식은 고려하지 않고 단순히 모든 번식은 암수 양성에 의해 이루어진다고 가정하려 한다. 그렇다면 한 집단에서 암수의 비율을 결정하는 것은 무엇일까?

이 논제에 대한 이론이 발달해 온 역사는 좀 묘하다. 다윈은 이 문제를 잠시 고심했으나 곧 무시해 버렸다. 그 후 1930년대 들어 신다윈주의의 창시자 중 한 사람인 로널드 에일머 피셔(Ronald Aylmer Fisher, 1890~1962년)가 오늘날 인정받고 있는 개념의 본질을 끈질기게 제안할 때까지 완전히 잊혀져 있었다. 그는 오늘날 빈도 의존 선택(frequency-dependent selection)이라고 불리는 개념을 도입하여 이 문제를 설명했는데, 이것은 전통 경제학에서 아주 기초적인 개념이다. 예를 들어, 여러분이 대장장이와 목수로서 똑같이 훌륭한 기술을 지녔는데, 마을에서 단 하나의 가게를 낼 자원을 갖고 있다고 가정해 보자. 마을에는 이미 대장간이 하나 있다는 사실도 잘 알고 있다. 이 사실이 여러분의 결정에 영향을 주게 되지 않을까? 같은 원리가 실제 성비에 적용되는 유명한 예가 윌리엄 셰익스피어(William Shakespeare, 1564~1616년)의 『말괄량이 길들이기(*The Taming of the Shrew*)』에 나온다. 밥티스타가 비앙카와 캐서리나 두 딸 대신 딸 하나, 아들 하나를 두었더라면 그 모든 말썽에 휘말리지 않고 얼마나 좋았을까를 생각해 보라. 여러분도 손자 생산을 극대화하고 싶다면 여러분 자녀들끼리의 배우자 경쟁을 최소화하는 것이 좋을 것이다.

생물학에서 빈도 의존 선택과 관련된 문제는 게임 이론에서 사용하는 손익표로 분석되는데 성비 문제는 그중에서도 가장 단순한 예이다. 다음 표에서 선수라고 이름 붙여진 개체들은 남자 혹은 여자가 될 선택권이 있다. 그 선수가 대적할 상대 선수 역시 남자나 여자, 둘 중 하나를 선택할 수 있다. 우리 선수가 남녀 중 어느 쪽을 택하든지 상대 선수가 그와 반대되는 성

		상대 선수	
		남	여
선수	남	0	1
	여	1	0

표 1
성비 게임의 손익표.

을 가졌으면 우리 선수가 번식 게임에서 이긴다. 이기는 것은 표에 1점으로 표시된다. 상대 선수가 같은 성이면 번식은 이루어지지 않고 승리는 없으며 점수는 0이다.

이런 종류의 게임에서 여러분은 선수들에게 어떤 조언을 해 주겠는가? 상대 선수의 성에 대한 정보가 없는 한 동전 던지기보다 현명한 선택은 없다. 그러나 여러분이 상대 선수 집단의 성비가 남성의 비율이 약간 높다는 것을 안다고 가정해 보자. 그럼 이제 여러분은 유익한 조언을 해 줄 수 있다. 여성이 될 것을 선택하라. 혹은 그렇게 되기에 너무 늦었으면 아들보다 딸을 낳도록 하라. 이보다 좀 더 우리 일상에 가까운 예를 하나 더 들어 보자. 여러분이 바람둥이 이성애자 총각인데 마을에 독신자 술집이 2개 있다고 하자. 한 집에는 주로 남자들이, 다른 집에는 여자들이 많이 온다고 하면 여러분은 어느 쪽을 선택할 것인가?

성비에 대한 선택은 한 개체가 숫자가 더 적은 쪽 성의 구성원이 되도록, 혹은 후세대에서 숫자가 적은 쪽의 성이 더 많이 생산되게 하는 방향으로 작용한다(유성 생식에서는 그래야 배우자를 만날 확률과 유전자를 후세에 남길 확률이 커지므로.—옮긴이). 이러한 선택이 당장에 가져오는 효과는 소수 성의 수적 증가이다. 그 결과 장기적으로는 소수의 성이 더 이상 소수가 아니게 되며 집단에서의 암수 성비가 동일하게 유지된다. 남녀 수가 거의 같은 인류의 성비가 좋은 예이다. 이런 조건이 지속되는 한, 남자들은 총괄적으로, 그리고 평균적으로 여자들과 비슷한 수의 아기를 생산할 것이다. 어느 한쪽 성을 갖는다고 해서 더 이롭지 않으며 성비에 대한 선택은 없다. 이러한 균형이 깨지면 빈도 의존 선택이 다시 등장해 남녀의 수를 거의 동일하게 재확립할 것이다.

이쯤에서 온갖 종류의 질문들이 쏟아져 나온다. 남녀의 수가 같아지는 것은 어느 연령부터일까? 아들과 딸의 사망률이 다른 점과 부모에게 지우는 부담의 정도가 다른 점은 남녀 비율에 어떤 영향을 끼칠까? 남녀가 성숙하는 시기가 다른 것은 또 어떠한가? 그런데 왜 실제로는 사내아이의 출생률이 좀 더 높은 것일까? 이 질문들은 오랫동안 생물학자들을 고심하게 만들었는데 결국 해답은 단순한 빈도 의존 선택에서 기대되는 50:50의 비율에 약간의 정량적 변형을 가한 것이었다. 이 선택은 항상 소수의 성을 돕는 방향으로 작용하며 집단 전체의 복지에 어떤 영향을 미칠지에 전혀 신경 쓰지 않는다.

그 영향은 확실히 부정적일 수 있다. 리처드 도킨스는 자신의 책 『에덴의 강(*River out of Eden : A Darwinian View of Life*)』에서 코끼리물범(elephant seal)의 극단적인 예를 들고 있다. 번식기가 되면 코끼리물범 암컷은 새끼를 낳고 기르고 이듬해 출산을 위한 짝짓기에도 적합한 해변가로 나온다. 해변은 성체들로 북적대는데 규모 있는 암컷 하렘을 거느린 수컷들은 여기저기에 흩어져 있다. 이때의 성비는 전체 성체의 성비가 아니다. 그저 번식하고 있는 성체의 성비일 뿐이며 실제 성비는 암수가 거의 같다. 따라서 이것은 대부분의 수컷이 짝짓기에 실패함을 암시한다. 하렘을 거느린 수컷이 있는 한편으로 수없이 많은 수컷이 짝 없이 홀로 사는 것이다. 그럼에도 빈도 의존 선택에 의해 이 개체군은 세대를 거듭해 계속해서 암수를 같은 수로 생산한다.

실제 사정은 숫자상의 동등함이 의미하는 것보다 심각하다. 이 동물에서는 암수의 크기 차이가 엄청난데 수컷이 암컷보다 훨씬 크다. 이는 오직 크고 강한 수컷만이 다른 수컷과의 치열한 경쟁에서 이겨 짝을 얻을 가망이 있기 때문이다. 그리하여 빈도 의존 선택은 개체군으로 하여금 수컷을 낭비적으로 계속 생산하게 하고 성 선택은 수컷들을 불필요하게 크게 만든다. 성공적인 수컷은, 자기 자신뿐만 아니라 배우자의 유전자를 위해 번식의 신체적 부담을 온전히 지는 성공적인 암컷보다 일생 동안 훨씬 많은 식량을 소모한다. 인간 사회도 이와 비슷한 문제에 봉착해 있으나 다행히도 코끼리물범 개체군만큼 심각하지는 않다. 최근의 여성 해방론자들이 내건 "남자는 비용 효율적이지 못하다(Men are not cost-effective)."라는 표어는 생물학적으로 볼 때 전적으로 맞는 말이다. 남자는 너무 많고, 너무 크며, 소비하는 단위 자원당 성취하는 것이 여자보다 적다.

앞서 나왔던 손익표와는 조금 다른 손익표를 나타내는 '죄수의 딜레마(prisoner's dilema)'라는 형식상의 게임이 있는데(사실 '상인의 딜레마(trader's dilema)'가 더 적합한 명칭일 것이다.) 자연 선택이 집단 수준에서 부정적인 영향을 줄 수도 있음을 또 다른 방식으로 보여 준다. 어느 저녁 여러분이 독일 번호판을 단 차를 몰고 스위스의 작은 마을을 통과해 이탈리아에 있는 집으로 가고 있다고 가정해 보자. 컴퓨터 용품을 파는 가게가 하나 눈에 띄는데 마침 디스켓이 필요하다는 사실이 생각났다. 여러분은 그곳이 이탈리아에서는 20마르크 할 것을 10마르크에 판다는 것을 알고는 가게 앞에서 멈춘다. 그리하여 상품의 가치를 판단해 보고 10마르크의 이득을 보기 위해 10마르크를 기꺼이 소비하고자 한다. 그런데 잠깐, 더 좋은 수가 있다. 여러분은 마침 위조 마르크 화폐를 갖고 있다. 가게 안은 그것을 구별할 수 없을 정도로 어둡고 가게 주인은 다음날 아침까지는 그 돈이 가짜라는 사실을 알 수 없을 것이다. 그때쯤이면 여러분은 이미 다른 나라에 가 있을 테고, 이 가게에 다시 오게 될 일은 아마 없을 것이다. 여러분의 상황이 다음의 표에 요약돼 있다. 정직함은 진짜 화폐를 지불하는 방법이고 부정직함은 위조 화폐를 사용하는 방법이다. 여러분은 어떻게 할 것인가? 여러분이 이기심만을 갖고 있다면 당연히 정직하지 않을 것이다. 그렇게 하면 공짜로 20마르크 가치의 물건을 얻게 된다. 진짜 화폐를 지불한다면 10마르

		상대 선수	
		정직함	부정직함
선수	정직함	10	-10
	부정직함	20	0

표 2
상인의 딜레마 게임의 손익표.

크는 포기해야 할 것이고 총 이득은 10마르크에 그칠 것이다.

불행하게도 부정직함을 선택할 수 있는 선수는 여러분만이 아니다. 가게 주인은 불량 디스켓을 하나 갖고 있다. 어떤 손님도 그 디스켓을 집으로 가져가 사용해 보기 전에는 불량인 줄 눈치 채지 못할 것이다. 그 주인은 여러분이 타고 온 독일 자동차와 이탈리아 사투리를 눈치 채고는 '내가 언제 이 사람을 다시 보게 되겠어? 이 가치 없는 상자를 처분해 버릴 절호의 기회가 왔는데 왜 정품을 낭비해?' 라고 생각한다. 그는 어떻게 할까? 여기에서도 이기심이 하나의 명확한 결론을 내려 준다. 정직할 필요가 없다! 이 모든 논리적 결정 내리기 게임에서 기대되는 결론은 손익표에 잘 나타나 있다. 이 게임에 참여한 모든 사람들이 하나같이 정직하다면 모든 사람은 한 게임에서 10마르크를 딸 것이다. 그런 양심적인 사회에 사기꾼 하나가 나타나면 무슨 일이 일어날까? 그 사기꾼은 더 큰 승리를 얻고 정직한 선수들은 손해를 볼 것이다. 모든 선수가 속임수를 쓴다면 어떻게 될까? 아무도 이기지 못한다. 가게 주인은 쓸모없는 위조 화폐만 얻게 되고, 여행자는 쓸모없는 디스켓 몇 장만을 갖게 된다. 그럼에도 불구하고 부정직한 것이 어느 선수들에게나 최상의 정책으로 남는데, 그 이유는 손익표가 보여 주는 단순한 법칙에서 나온다. 여러분의 상대가 어떻게 하든지 여러분은 사기를 치는 것이 더 낫다. 자연 선택도 이러한 규칙에 따라 진행되며 이는 모든 사람에게 돌아가는 잠재적인 이득을 0으로 감소시킨다.

상인의 딜레마가 생물학에서 응용되는 많은 예 중 하나를 들어 보자. 대개 한 집단의 구성원들에게는 적정한 집단의 크기가 있는데, 연못 속의 물고기 떼를 예로 들 수 있다. 포식자에게 공격당했을 때 하나 이상의 물고기가 죽을 확률은 적다. 한 마리가 잡아먹히면 다른 녀석들은 그동안 도망칠 수 있기 때문이다. 이 말은 m마리의 물고기가 있는 물고기 떼에서 물고기 한 마리가 희생될 확률은 1/m이며, 따라서 될수록 큰 무리에 속해 있는 편이 안전하다는 것을 뜻한다. 그러나 불행하게도 무리가 커지면 그에 따라 먹이 경쟁이 심해져서 한 개체에게 돌아오는 먹이의 양이 적어진다. 한 개체에게 가장 적정한 집단의 크기는 포식자 회피의 용이성과 그 대가로 치러야 할 먹이의 감소, 2가지 사항을 고려했을 때 최대의 이익을 얻는 크기이다.

10마리가 최적의 집단 크기일 때, 어느 물고기가 20마리 떼에 속하게 됐다고 가정해 보자. 자신의 이익만을 생각한다면 그 물고기는 어떻게 해야 할까? 그 무리 속에 머물러 있으면 그 물고기와 다른 구성원들은 그만큼 식량 부족을 겪을 것이다. 그 무리를 떠나면 다른 물고기들의 영양 상태를 호전시켜 줌으로써 그들을 돕게 되나 자신은 포식자에게 잡아먹힐 위험에 노출될 것이다. 장기적인 적응도라는 관점에서는 포식자에게 공격당할 확률을 1/20로 유지하면서 약간의 영양 결핍 상태로 살아가는 것이 더 나을 수도 있다. 만일 그렇다면, 각자의 입장에서 보면 10마리씩 두 무리로 나뉘는 것이 더 바람직함에도 20마리의 물고기들은 계속 함께 떼 지어 다닐 것이다.

인간 수준의 사고를 지녔으면 이런 경우 2개의 최적 집단을 만들 것이다. 한 개체가 지도자처럼 나서서 "이봐 친구들, 우리 아무래도 수가 너무 많은 것 같아. 왼쪽에 있는 녀석들은 왼쪽으로 가고 오른쪽에 있는 녀석들은 다른 쪽으로 가는 게 어때? 그렇게 되면 우리는 잡아먹힐 가능성과 식량에 대한 경쟁 사이에서 최적점을 성취하게 될 거야."라고 말할는지도 모른다. 그러나 불행히도 물고기 두뇌로 내릴 수 있는 결정은 단순히 '나쁜 상황에 그대로 머물 것인가' 아니면 '더 나쁜 상황으로 옮겨갈 것인가' 둘 중의 하나뿐이다. 이것은 필연적으로 필요 이상으로 큰 물고기 떼를 이루게 한다. 일부 연구 보고에 의하면 자연에서는 이런 일이 흔하게 일어난다. 꿀벌 군체와 같은 일부 집단을 제외한 대부분의 동물 집단이 기능적으로 조직되어 있지 않다는 원칙을 설명해 주는 예는 이외에도 얼마든지 있다. 그들은 그저 이기심에 찬 개체들의 집합일 뿐이다. 다음 장에서는 서로 연관된 다음의 2가지 질문, 기관들이 어떻게 생성되었으며(발생학) 어떻게 작용하는가(생리학)에 초점을 맞추고 진화된 기제들을 살펴보는 문제로 돌아가기로 한다. 또한 그런 문제들을 어떻게 논리적으로 풀어낼 수 있는지 하는 좀 더 근본적인 질문도 검토해 본다.

4

적응적인 신체

한 생명체의 유전자형은 집의 설계도에 자주 비유된다. 그러나 이 비유는 『이기적 유전자(*The Selfish Gene*)』를 쓴 영향력 있는 과학자 리처드 도킨스가 지적한 대로 "엄청난 오해를 불러일으킬 수 있다." 그가 언급한 것처럼, 여러분은 북쪽 창과 같은 집의 한 부분을 가리키면서 설계도에서 바로 그 창에 해당하는 직사각형을 찾아낼 수 있다. 하지만 생명체의 한 부분과 유전자형의 한 부분은 그런 식으로 대응되지 않는다. 고작해야 염색체의 한 곳을 가리키며 그 지점에 있는 유전자가 수많은 종류의 조직을 구성하는(어마어마한 수의 세포들 속에 존재하며 생명체의 한 부분을 이루는) 어마어마하게 많은 단백질들의 구조와 특징을 결정짓는다고 얘기할 수 있을 뿐이다. 그나마 이런 식의 대응도 한정되어 있다. 어떤 단백질은 둘 이상의 유전자로부터 만들어진 여러 구성 성분들로 형성된다.

도킨스는 또한 유사한 집을 한 채 더 짓고자 할 때 설계도의 모델로서 기존의 집을 문제없이 사용한다는 점을 지적했다. 전체 생명체의 일부 진전된 발달 단계에 대한 지식으로부터 유전자형을 상세히 설명하는 것은 현재의 발생 유전학 수준으로는 어려운 정도가 아니라 아예 불가능하다. 도킨스는 요리법과 케이크의 관계를 더 좋은 비유로 제안했다. 요리법은 케이크를 만들어 내는 일련의 방법을 담고 있으나 그 요리법에 나와 있는 어떤 구절이 구체적으로 케이크의 어느 부분에 해당하는지는 좀처럼 확인할 수 없다. 또한 요리법에 따라 케이크를 만드는 것이 케이크를 관찰한 후 요리법을 추리하는 것보다 훨씬 수월하다.

유전자형은 설계도뿐 아니라 요리법과도 다르며, 지시를 받는 지시 사항들을 포함하고 있다는 의미에서 오히려 상호 작용적인 컴퓨터 프로그램의 모듈과 같다고 할 수 있다. 유전자형은 온통 “x가 k보다 작으면 y를 수행하고, 그렇지 않으면 Y를 수행하라."라든가 "x를 잘 보고 y=f(x)를 만들어라."와 같은 명령으로 되어 있다. 예를 들면, 로열 젤리를 일정량 이상 먹으면 여왕으로 발생하고 그렇지 않으면 일벌이 되어라(꿀벌 유충의 경우), 또는 태양의 직사광선의 투사량을 감지하고 이에 정비례해 멜라닌 색소를 만들어 내라(인간 표피 세포의 경우)와 같은 것이다. 물론 한 생명체의 유전자형이 내리는 명령은 집 한 채의 설계도에 표시된 사양들이나 케이크 요리법의 지시 사항들보다 훨씬 더 복잡하다.

그러나 유전자형과 설계도, 프로그램, 요리법 등은 모두 단순화할 수 있는 방법이라면 무엇이든 동원해 복잡함을 경감시키려 한다. 집을 설계할 때, 예를 들면 벽돌 한 장 놓는 일도 대단히 숙련된 벽돌공의 정밀한 기술을 필요로 하지만, 벽돌 쌓는 방법을 설계도에다 상세히 설명해 놓을 필요는 없다. 설계도를 보고 집을 지으려면 벽돌, 표준 전기 설비, 숙련된 전기공 등 수많은 것들이 미리 준비되어 있어야 한다. 마찬가지로 발생 중에 유전적 명령이 사용될 때에도 사용 가능한 모든 재료와 신뢰할 수 있는 과정들의 기다란 목록이 존재한다고 가정한다. 인간의 유전자형은 온갖 탄수화물과 아미노산(단백질을 구성하는 기본 입자), 그리고 다른 필수 분자들을 즉시 동원할 수 있을 거라 가정한다. 초기에는 태반의 혈액에서, 다음은 모유에서, 그리고 그 다음에는 다양한 음식물로부터 얻는다.

인간의 유전자형은 또한 물리학과 화학의 법칙들이 정확하게 적용될 것으로 가정한다. 어느 유전자가 하나의 효소 분자, 예를 들어 단백질을 구성 성분인 아미노산으로 분해하는 데 쓰이는 효소 같은 것을 만든다면 그 유전자는 다른 장소에서도 똑같은 일을 수없이 반복해서 수행할 수 있다. 또 분자들은 특정한 방식으로 자발적으로 결합하기도 하는데, 그 결과물이 유용한 것으로 밝혀진다면 이로움이 무엇이든지 간에 그러한 화학적 과정은 계속해서 일어날 것이다. 생명체는, 건설 현장의 인부가 자재들이 중력에 의해 서로 달라 붙도록 내버려 두거나 바람이 자연적으로 페인트 냄새를 날려 보내도록 놓아 두듯이, 어디서건 가능하면 자발적으로 일어나는 과정에 작업을 내맡긴다.

그렇다 하더라도 생명체의 발생, 예를 들면 짚신벌레 같은 단세포 생물의 발생도 엄청나게 방대하면서 정확한 일련의 유전적 명령을 필요로 하는, 상상을 초월할 만큼 복잡한 과정이다. 우리는 이 발생 프로그램에 대해 기초적인 분자 수준에서는 상당한 지식을 가지고 있다. DNA가 어떻게 활성화되어 자기의 정보를 RNA에 전사해 주는지, RNA가 어떻게 특정 단백질들을 지정하는지도 알고 있다. 단백질 분자가 다른 분자들과 상호 작용하여 어떻게 특정 형태로 구부러져 나선형이나 얇은 판형, 그 외의 다른 간단한 구조들을 형성하는지도 이해하고 있다. 그러나 그 이상은 모르는 것이 많다. 예를 들어 단백질로 된 세포 내의 기구가 어떤 식으로 칼슘 이온이나 다른 영양물질들과 상호 작용하여 사람의 왼쪽 어깨뼈를 제 위치에 적당한 크기와 모양으로 만드는지에 관해서는 거의 아는 것이 없다. 물론 우리는 어깨뼈 생성과 관련된 원인-결과 관계는 확립할 수 있다. 비타민 D, 다양한 무기질, 다른 미량 원소들이 없으면 어깨뼈뿐 아니라 어떤 뼈도 만들어질 수 없다는 것을 증명할 수 있다. 남성과 여성의 뼈 크기와 모양이 다르듯이 호르몬 농도의 변화가 특정 뼈의 성장을 왜곡시킬 수 있다는 것도 안다. 뼈는 사용 정도에 따라 크기나 모양, 골밀도의 분포가 달라지며, 그러한 사용에 의해 나타나는 효과는 보통 적응적이다. 뼈의 한 부분에 가해진 적당한 힘은 보통 그 부분을 강화시킨다.

그러나 그러한 원인-결과 관계의 예는 아무리 많이 열거해

봐야 발생을 이해하는 데 전혀 도움이 안 된다. 저명한 영국의 생물학자 존 메이너드 스미스(John Maynard Smith, 1920~2004년)는 이러한 이해 부족에 대해 그답게 단순하나 의미 있는 논평을 남겼다.

형태의 발생에 대한 이해가 그렇게 어려운 이유는 우리가 스스로 발생하는 기계를 만들지 못하기 때문인지도 모른다. 우리는 대개 생물학적 현상을 그와 비슷한 성질의 기계를 발명해 냈을 때에만 확실히 이해한다. 우리가 만드는 물건들의 형태는 보통 외부로부터 더해진 것이다. 우리는 내재적 작용에 의해 복잡한 형태를 취해 나가는 '배(胚, embryo)' 같은 기계는 만들지 못한다.

우리는 왜 '스스로 발생하는 기계(machines that develop)'를 만들지 못하는 것일까? 그 이유는 생물학에서 보듯이 발생이란 우리가 흔히 하는 일보다 훨씬 더 어려운 작업이기 때문이다. 우리는 스스로 발생하는 기계를 만들 만큼 똑똑하지는 못하다. 망치처럼 단순한 연장의 경우에도 나무와 쇠를 제공해 주기만 하면 망치가 발생하는 망치의 배(胚)를 만드는 것은 우리 능력

한참 밖의 일이다.

발생의 '내재적인 과정(intrinsic processes)'은 실험 발생학의 초기 개척자들에게 크나큰 충격을 주었고 그러한 과정에는 초자연적인 인도가 필요할 것이라 생각하게 만들었다. 배 안에서 대단히 복잡한 기구를 발견했지만 그 기구가 스스로를 인도할 수 있다고는 도저히 생각할 수 없었다. 그 가시적인 기구를 조절하는, 의지를 지니고 비물질적인 무엇인가가 있는 것이 분명했다. 개구리 배 속의 존재는 어떻게 개구리를 만드는지 알고 있으며, 그렇게 하고자 의도한다고 생각되었다. 외부의 힘이 그 과정을 어느 정도 방해하더라도 그 존재는 목적하는 결과를 생산해 내기 위해 그 기구를 인도하는 것으로 상상했다. 이 의지를 지닌 존재가, 배의 가시적인 기구가 손상을 복구하고 손실을 보충하면서 정확하게 개구리 생산을 향해 나아가도록 만든다는 것이다.

이런 식의 생각은 이제 발생학계에서 사라진 지 오래다. 학자들은 발생을 조절하는 비물질적인 존재 이야기는 더 이상 꺼내지 않는다. 이미 언급한 대로, 현재로서는 순수하게 물질적인 해답을 찾을 가능성이 제한돼 있음에도 불구하고 발생학자들의 신념은 흔들림이 없어 보인다. 최근에 이룬 인공 자동 조절 장치의 기술적 성공이 이러한 신념을 더욱 강화하고 있는 것 같다. 우리는 외부로부터 열기나 냉기가 가해져도 일정 온도에 이르면 그 상태를 유지하는 자동 온도 조절 상자를 만들 수 있게 되었다. 현대 과학자들이 스스로 조절하는 여러 기계들에 익숙해짐으로써 배 안에 있는 기구 또한 스스로 조절할 수 있을 것이라 믿기가 좀 더 쉬워졌음에 틀림없다.

생기론과 기계론

초자연적인 중개자는 오늘날 생물학적 메커니즘의 발달 과정에 대한 설명에서뿐 아니라 그 작용을 이해하려는 연구에서도 완전히 자취를 감췄다. 앞서 '단백질로 된 기구(protein-based machinery)' 라는 용어를 사용했을 때 나는 우리 몸의 작동이 금속이나 플라스틱으로 된 기계와 상당히 비슷한 방법으로 이해될 수 있음을 암시했다. 적어도 은유적으로라도 신체를 분해해서 무엇이 신체를 작동시키는지 알 수 있다고 가정한 것이다. 이를 위해 우리가 알고 있는 모든 물리 법칙을 동원할 수 있지만, 현대 생리학자 중 누구도 비물질적이거나 초자연적인 존재를 끌어오지는 않을 것이다. 작동 방식을 이해하는 데 실패한다 하더라도 그것은 연구 방법이 잘못되었기 때문이고, 아마도 다음 연구에서는 그 점이 개선될 것이라 생각한다. 생물학자들은 물리학과 화학이 생물학적 기구가 어떻게 작동하는지 이해하는 기초로서 충분치 않다는 결론은 결코 내리지 않는다. 이렇게 초자연적인 존재를 생물학적 설명에서 추방한 주의를 전통적으로 '기계론(mechanism)'이라고 한다.

그 반대는 '생기론(vitalism)'으로, 인간이나 다른 생명체가 작동하려면 물리학과 화학의 법칙에 따라 움직이는 물질적 기계 이상의 무엇이 필요하다는 주장이다. 생기론자들은 기계는 분명히 그곳에 존재하지만 그것에 자율성은 없다고 믿는다. 그들은 아무리 복잡하고 자동화되어 있는 선박이라도 역시 결정을 내리고 조종을 해 나가기 위해서는 선장의 두뇌가 필요하듯이, 기구를 움직이는 비물질적 실체가 존재한다고 본다.

1900년대 초기에는 많은 생물학자들이 생기론자임을 조금도 부끄러워하지 않았다. 그러나 발생과 신체 작용에 대한 최근의 연구는 거의 언제나 모든 것은 물리적으로 조작되고 이해될 수 있다는 가정에서 출발한다. '거의' 라는 단서를 다는 것은 신경 생리학과 행동학 분야에서 소소한 예외가 발견되기 때문이다. 신경계의 물리적 조절은 비물질적 정신 작용의 조작에 의한 것이라고 믿는 학자들이 있다. 그들은 동물을 이해하려면 물질적 신체 기관과 뇌뿐만 아니라 정신까지도 연구해야 한다고 생각한다.

동물의 정신은 어떻게 연구할 수 있을까? 동물에게 "무슨 생각을 하고 있지?" 라고 물어볼 방법이라도 있나? 개가 자기의 빈 물통을 자꾸 살핀다면 어느 정도 타당한 이유를 들어 그 개는 지금 물을 생각하고 있다고 얘기할 수 있을지도 모른다. 그렇다면 여러분의 컴퓨터가 여러분이 한참 동안 자판을 두드리지 않고 그대로 뒀을 때 화면 보호 행동(자동으로 모니터를 임시로 꺼두거나 화면 보호기를 작동시키는 것.—옮긴이)을 나타내는 것을 보고도 이와 비슷하게 말할 수 있을 것이다. 즉 여러분의 컴퓨터는 여러분이 전기를 낭비하고 모니터를 학대하는 잘못을 저지르고 있다고 생각한다. "무슨 생각을 하고 있지?" 라는 질문에 대한 더 놀라운 답은 상징 언어로 된 표현일 것이다. 컴퓨터는 분명히 그러한 반응을 내놓는다. 내가 바로 지금 실행하라고 명령한

드라이브에 디스켓 넣는 것을 잊자 컴퓨터는 자기의 고충을 분명한 영어로 표현했다.

동물도 단어를 사용할 수 있을까? 유인원 언어 전문가들의 말이 맞는다면, 아마 그럴 것이다. 청각 장애 학생에게 질문을 하면 수화로 답을 받을 수 있듯이, 님 침스키(Nim Chimpsky, 유인원의 언어 사용 능력 연구에 이용됐던 유명한 침팬지의 이름.—옮긴이)에게 계획을 물어보면 상징 언어로 된 답을 얻을 수 있다. 이 두 과정 중 어느 것이라도 정상적으로 들을 수 있는 사람과 음성을 통해 대화하는 것과 다를까? 님이 정말 동작으로 상징적 의미를 전달할 수 있다면 물론 다르지 않다. 나는 유인원의 상징 사용 능력에 회의적이지만 어쨌든 생물학자에게 그런 것은 별 문젯거리가 못 된다. 수화로 된 것이건 말로 된 것이건 인쇄된 것이건 간에 언어를 사용하는 것은 걷고 먹고 짝짓기하는 것과 똑같은 하나의 행동이다. 걷는 행위가 기계적 차원에서 이해될 수 있다면 말하는 행동은 그렇지 말란 법이 있는가? 둘 다 신경 충동(nerve impulse)과 근육 수축을 필요로 하며, 이러한 과정들은 그 자체로 기계론적으로 이해하기에 적합함을 보여 준다.

컴퓨터가 언어로 표현된 질문에 언어로 답을 하고 먼저 질문을 하면서 말을 걸어오기까지 하는데도 대부분의 사람들이 컴퓨터는 순전히 기계적으로 작동한다고 생각한다. 인공 지능을 연구하는 학자들은 컴퓨터에게 대화의 기술을 프로그램해 넣을 수 있는 방법을 오랫동안 고심해 왔다. 그 결과 이제는 키보드에 질문이나 답을 입력해 넣을 때 내가 벽 뒤의 보이지 않는 사람과 의사 소통을 하는 것인지, 아니면 단지 앞에 놓인 컴퓨터 칩이나 스위치들과 대화하는 것인지 갈수록 판단하기가 어려워진다.

인공 지능과 인간의 지능을 구분하기가 점차 힘들어지기는 해도 아직은 쉬운 편이다. 자판으로 입력해 넣은 질문에 답을 하는 것이 인공 지능인지 실제 인간인지를 판단할 때 내가 사용하는 확실한 방법은 그 답이 유머 감각을 갖고 있는지를 따져 보는 것이다. 농담을 그대로 읊는 능력을 말하는 것이 아니다. 컴퓨터도 얼마든지 그렇게 하도록 프로그램될 수 있다. 내 말은, 내가 방금 한 말에 대해 그와 관련된 진짜 재치 있는 한마디로 반응할 수 있는 능력을 뜻한다. 나는 내가 살아 있는 동안 시드니 조지프 퍼르먼(Sidney Joseph Perelman, 1904~1979년. 1930~1940년대에 활동한 미국의 유머 작가.—옮긴이)처럼 유머 있는 스위치와 칩으로 된 기계와 상호 작용하게 될 것이라고 기대하지 않는다.

궁극적으로 우리가 정말 알 수 있는 것은 우리 자신의 마음뿐이고 친구나 동물이나 컴퓨터의 마음은 아무래도 알 수가 없다. 이러한 한계 때문에 정신의 영역은 생물학이나 일반 물질과학에서 배제시켜야 한다. 르네 데카르트(René Descartes, 1596~1650년)는 현명하게도 "나는 생각한다, 고로 존재한다(Cogito ergo sum)."라고 했지, "우리는 생각한다, 고로 우리는 존재한다(Cogitamus ergo sumus)."라고 하지 않았다. 이 책에서는 어떤 형태로든지 생물학의 모든 현상에 대한 설명에 생기론은 불합리하며 기계론적 개념이 적절하다는 전제하에 논의를 진행한다(정신에 대해서는 뇌의 기능을 설명하는 이 장 뒷부분과 9장에서 좀 더 자세히 설명하겠다.).

신체 기구

여기 쓰인 소제목(The Machinery of the Body)은 1900년대 중반 대학 생물학 강의에서 많이 쓰인 생리학 교과서에서 따왔다. 안톤 율리우스 칼슨(Anton Julius Carlson, 1875~1956년)과 빅터 존슨

(Victor Johnson)이 쓴 이 책은 당시 생물학계에 큰 영향을 끼친 훌륭한 책이다. 이 제목은 인간과 다른 동물을 막론하고 하나의 생명체가 어떻게 움직이는가 하는 의문에 답을 얻는 데에는 메커니즘이라는 개념이 적절함을 함축적으로 나타내고 있다. 여기에서는 1장에서 살펴보았던 인간 손의 유용한 조작 기능에 대해 다시 고찰해 보는 것으로 논의를 시작한다.

손 조작은 다른 운동처럼 근육 수축을 필요로 한다. 손 조작에 필요한 근육은 대개 아래팔에 있다. 오른손으로 이 책의 남은 부분을 쥐었다 놓았다 하면서 왼손으로 근육의 수축과 이완을 느껴 보자. 팔목과 손바닥의 힘줄이 팽팽해졌다 풀어졌다 하는 것도 느낄 수 있다. 힘줄이란 아래팔 근육으로부터 손가락 뼈로 힘을 전달해 주는 전선이다. 힘줄은 정연하게 배열된 관과 홈의 체계를 통과해 알맞은 뼈의 적절한 위치에 정확히 붙어 있어 우리가 의도하는 손가락의 굽힘과 폄 동작을 만들어 낸다. 각 근육 다발들에는 힘줄들이 많이 붙어 있어서 손가락을 구부리거나 펴거나 양 옆으로 흔드는 등 온갖 종류의 동작을 할 수 있게 해 준다. 손가락 사이 근육은 여러 손가락이 공동으로 쓰기도 하기 때문에 행동에 제약을 보이기도 한다. 네 번째 손가락은 그대로 둔 채 새끼손가락만 움직이기가 어려운 것처럼 말이다.

이런 모든 운동 기능은 순전히 뼈에 부착된 힘줄을 통해서 아래팔 근육(그리고 엄지손가락 밑의 근육)이 수축하는 기계적인 작용으로 상세히 이해될 수 있다. 손가락은 스스로 원해서가 아니라 힘줄의 잡아당김에 의해 구부러지거나 펴진다. 이 힘줄들이 잡아당기는 이유는 근육 때문이다. 그러면 근육은 왜 잡아당길까? 근육의 잡아당김은 근육 전체의 능동적인 수축 때문이며, 이러한 수축은 초현미경적 수준에서 일어나는 근섬유들의 수축으로 인해 일어난다. 근육은 나란히 늘어서 있고 서로 연결된 단백질 섬유들로 빽빽이 차 있다. 이 근섬유들이 마치 카메라의 주름상자처럼 힘 있게 겹쳐지면서 능동적으로 수축하여 전체적으로 근육이 강한 수축을 하게끔 한다. 정상 이완 상태에서는 다시 쭉 펴진다. 근육 섬유의 수축은 아데노신3인산(adenosine triphosphate, ATP)이라고 하는 물질로부터 에너지 공급이 있어야 한다. ATP를 분해하여 얻는 에너지는 궁극적으로는 우리가 먹은 음식과 호흡한 산소로부터 나온다. 이 모든 과정을 이해하려면 세포의 생리학적 분자 기구에 대한 감탄할 정도의 전문 지식이 필요한데 이는 사실 전적으로 물리학과 화학의 영역이다. 신비한 비물질적 작용 같은 것은 전혀 들어 있지 않다.

근육의 단백질 섬유가 접히고 근육이 수축되고 힘줄이 잡아당겨지는 이유는, 신경 충동이 그렇게 하라고 자극한 때문이다. 혹시 여러분은 전화기가 전선을 통해 메시지를 전달하는 것을 이해하기 때문에 전기 자극이 신경을 따라 전달되는 것도 이해한다고 생각할지도 모르겠다. 그러나 전화의 전선에서 일어나는 일은 사실 사람들이 알고 있는 것보다 훨씬 복잡하다. 그리고 신경 섬유에서 일어나는 일은 그와 비교도 안 될 정도로 복잡하다. 두 경우 다 극도로 빠르게 일어나는 과정이며, 두 종류의 자극 모두 길고 가느다란 도체를 따라 이동하고 전하를 띤다는 점에서 유사하다. 그러나 그 외에 공통점은 거의 없으며 신경 전달을 전기적이라 하는 것도 정확한 표현은 아니다. 신경을 따라 움직이는 전류 같은 것은 존재하지 않는다. 신경 충동은 신경 섬유를 둘러싸고 있는 막 안팎의 원자들 사이에서 일어나는 전하 교환의 물결이다. 그 물결은 1초에 보통 수미터를 지나지만, 전깃줄에서 전류가 이동하는 속도에 비하면 아무것도 아니다.

기계로서의 뇌

앞서 근육 수축에서도 그랬듯이 신경 자극 전달의 물리학과 화학은 생략하고 다음 단계로 넘어가 보자. 신경은 어떻게 근육으로 자극을 전달하는 것일까? 책장을 넘기는 것과 같이 우리가 자발적이라고 말하는 행동들은 항상 뇌에서 일어나는 어떤 작용 때문이다. 모든 자발적 행동과 그 외 수많은 다른 행동들 뒤에는 뇌의 작용이 있다. 불행하게도 뇌는, 신경은 신호 전달자로, 근육은 기계적 행동의 생산자로, 힘줄은 기계적인 행동의 전달자로 이해하는 것과 같이 동기나 사고의 기구로 이해될 수 없다.

인간의 뇌나 쥐의 뇌나 달팽이의 뇌는 모두 수많은 부분들로 이루어져 있고 매우 복잡해 보인다. 부분들은 신경 섬유들로 서로서로 연결되어 있으며 부분 각각을 보다 자세히 관찰해 보면 서로 연결된 하위 부분들로 이루어져 있음을 알 수 있다. 하위 부분을 더 크게 확대해 보면 더 복잡하고 작은 부분이 보이며 신경 세포 자체의 복잡한 부분들까지 자세히 들여다볼 수 있다. 이런 식의 관찰로 뇌의 구조에 대한 방대한 양의 지식을 얻을 수는 있으나 그 지식이 기능에 대한 이해로 연결되지는 않는다. 심장을 피를 펌프질하는 기계로 이해하듯이 뇌를 생각하는 기계로 이해할 수는 없다. 우리는 알파선이나 뇌 호르몬 분비와 같은 생물 물리학과 뇌 생화학에 대한 정보도 대단히 풍부하게 가지고 있지만 이 정보들 역시 기능에 대한 이해의 빈곤을 해결하지는 못한다.

물론 다양한 종류의 행동과 인지 능력을 조절하는 뇌의 작용에 대해서 어느 정도는 이해하고 있다. 뇌의 어떤 부분의 손상은 시각에 장애를 주고 또 어떤 부분의 손상은 언어와 단기 기억 장애를 가져온다. 뇌와 합류하는 부분의 시신경이 손상되면 시각 장애가 일어나고, 합류하는 부분 자체가 손상되는 것도 그와 비슷한 영향을 미친다는 사실은 별로 놀랍지 않다. 그러나 우리는 정녕 왜 그런지는 알지 못한다. 경우에 따라서는 시신경이 있는 부분에서 멀리 떨어진 곳의 손상도 시각 장애를 가져온다. 그것은 틀림없이 그 부분도 시신경이 들어가는 부분과 연결되어 있어서겠지만 뇌의 다른 부분들도 서로 연결되어 있기는 마찬가지다.

시각과 같은 기능과 관련하여, 더할 나위 없는 뇌의 복잡함은 시각 능력과 시각 정보의 처리 과정을 이해하기 어렵게 만드는 한 요소이다. 감각 기관의 작용 메커니즘에서 책장을 넘기는 결정 같은, 우리가 정말 관심을 갖고 있는 주제로 넘어가면 문제는 이보다 더욱 심각해진다. 어려움은 2가지 요인에서 비롯된다. 첫 번째는 신체의 거의 모든 작동에서 큰 효과가 나타나려면 큰 원인이 있어야 한다는 점이다. 축구공을 세게 차는 행위는 대근육의 에너지를 엄청나게 소모한다. 그러나 그것을 찰 것인가 말 것인가, 얼마나 세게 찰 것인가, 어느 쪽으로 찰 것인가와 같은 결정은 뇌에 산재해 있는 수많은 미세한 부분들 사이에서 일어나는 소소한 상호 작용에 의존한다. 정보의 처리는 아무리 격렬한 생각이라 해도 격렬한 행동을 하는 데 필요한 것과 동일한 에너지를 필요로 하지 않는다.

두 번째 원인은 더욱 심각한 것이다. 심장은 어떻게 펌프질하는 기계로 잘 이해될 수 있을까? 나는 그것이 단순히 심장의 물리적 성질에 대한 기술과 펌프질에 대한 설명이 같은 의미를 지닌 같은 용어를 사용하기 때문이라고 생각한다. 양, 속도, 압력, 길이 등은 모두 물리학에서 일상적으로 쓰는 용어들이다. 우리는 좌심실로 혈액을 효과적으로 펌프질하기 위해서는 삼첨

판이 특정한 방식으로 붙어 있어야 한다는 것을 잘 알고 있다. 삼첨판은 물리적으로 측정되는 값과 기계적인 성질을 지닌 물질적 실체이고 따라서 심장의 펌프질은 실제의 펌프질을 설명할 때 사용하는 용어를 써서 설명이 가능한 물질적 과정이다.

그에 반해 크기, 모양, 질량, 전하 등 뇌에 관한 물질적인 기술어(記述語, descriptor)들은 사고에 대해 아무런 이야기도 해 주지 않으며, 사고는 늘 욕망, 계획, 분석, 추억과 같은 다른 종류의 용어들로 기술된다. 신체와 정신의 영역은 다른 기술어로 설명되므로 한 영역에 적용되는 개념으로 추론을 시작해 다른 영역에 적용되는 결론에 이를 수 없다. 뇌 호르몬의 산성도나 후엽(嗅葉, olfactory lobe)의 크기에서는 왜 우정에 금이 갔는지를 추론할 수도, 고뇌의 짐이 얼마나 무거운지를 측정할 수도 없다.

나는 모든 생물학적 논의에서 유심론(唯心論, mentalism)적 해석을 제거해 버리려 한다. 만일 모기가 피를 빨아 먹기 위해, 즉 살아 숨쉬는 동물을 찾기 위해 공기 중의 이산화탄소 양이 늘어난 것을 감지할 때마다 날아오른다고 주장한다면 그것은 모기의 적응 프로그램에 대해 이야기하는 것이지 모기의 사고나 이해에 대해 말하는 것은 아니다. 마찬가지로 수세기 전에 '피에

굶주린(the Bloodthirsty)' 이라는 별명을 가졌던 모로코 황제 '물레이 이스마일(Moulay Ismail, 1645~1727년. 재위 1672~1727년. 500명의 여성으로부터 888명의 자식을 두는 세계 기록을 세웠다.—옮긴이)' 이 자신의 유전자를 후대에 최대한 많이 남기기 위해 수많은 첩을 거느렸다고 설명할 때에도 그가 의식적으로 그렇게 했다는 뜻은 아니다. 이러한 효과를 나타내는, 정확하게 짜인 적응 프로그램에 대해 이야기하는 것이다. 강압적인 호색한으로서 그는, 예를 들면 자기가 좋아하는 섹스 상대가 임신했다는 사실 같은 유전적으로는 좋은 소식에 정신적으로는 실망했을 수도 있다. 공통적인 용어로 설명할 수 없는 서로 다른 영역을 논리적으로 연결해 보려는 시도가 얼마나 어리석은지는 9장에서 다시 자세히 설명할 것이다.

신체의 분자적 기구

신체의 적응 메커니즘에 대해 단지 한 장의 일부를 할애해 논의하는 것은, 한 종류의 생체(사람)에 국한하더라도, 축적되어 있는 거대한 생리학 지식의 산 아래 두더지 언덕 하나 만드는 정도밖에 되지 않는다. 나의 목적은 그 기구가 얼마나 효과적인지에 대한 약간의 느낌만이라도 전달하는 것이다.

생체의 작동은 너무나도 훌륭하기 때문에 조금만 잘못되어도 우리는 놀란다. 그러나 사실은 그 반대여야 한다. 몇 분 동안만이라도 생존해 있다는 것은 이루 말할 수 없이 큰 성취기 때문이다. 여러분이 며칠 이상 생존했다면 그것은 신화에 나오는 어떤 기적보다도 놀랍고 대단한 일이다. 이러한 생각을 잘 나타낸 논평 중에 해양 생물학자 조지 라일스(George Liles)의 말이 가장 마음에 든다. "생명을 가능하게 하는 세포와 기관은 잘 고안되어 있지 않으면 안 된다. 왜냐하면 생명을 유지하는 작업은 만만찮은 일이기 때문이다." 그가 이런 논평을 하게 된 것은 조개가 거름망에 물을 통과시켜 먹이를 걸러 내는 메커니즘을 연구하면서부터이다. 이것은 8장에서 살펴볼 주제인 암을 예방하는 문제와 비교하면 정말 단순한 것이다. 이제 생체의 꽤 다른 기구 2가지를 예로 들면서 이 장을 마무리하려고 한다. 이 두 예는 사실 내가 제시할 수 있는 수없이 많은 예들 중 극히 일부에 지나지 않는다.

활발하게 일하고 있는 인간 세포 하나를 생각해 보자. 신경 세포도 좋고 백혈구 세포, 상피 세포 등 어떤 세포라도 괜찮으며, 그 세포가 총체적으로 어떤 일을 수행하는지는 상관없다. 오직 그 세포가 전체에 대해 정상적인 기여를 하기 위해 스스로를 어떻게 감독하는지에만 초점을 맞춰 보자. 그 세포의 기능이 무엇이고, 어떤 종류의 기구를 이용하든지 간에 그것은 에너지를 필요로 한다. 세포는 영양물질을 가공 처리하여 에너지를 얻는다. 따라서 영양물질을 세포에 운반해 줄 정교한 운반 기구와, 세포 내에서 생산된 에너지를 필요로 하는 곳에 운반해 줄 운반 기구를 갖추고 있어야 한다. 자세한 내용은 모두 넘어가고 한 종류의 영양물질에 대해서만 이야기해 보자.

포도당이라는 영양물질은 세포 내에 보통 수백 개씩 있는 미토콘드리아라고 부르는 소기관으로 운반된다. 미토콘드리아는 매끈한 외막과 내부 기질 쪽으로 돌출된 주름들이 있는 내막으로 이루어진 복잡한 구조물이다. 미토콘드리아는 너무 작아서 전자 현미경으로 수천 배를 확대해야만 자세한 구조를 볼 수 있지만 작은 크기에도 불구하고 대단히 복잡하여 수많은 종류의 특수한 구조들이 내막과 외막에 존재한다. 이들 구조를 통해 미토콘드리아는 포도당을 ATP를 생산하는 일련의 생화학 반응에 집어넣어 세포가 필요로 하는 에너지를 일부 제공한다. 각 단계에서 반응의 산물들은 그 다음 단계에서 작용할 효소와 미토콘드리아 내의 구조에 정확하게 전달되고 처리되어야 한다.

미토콘드리아가 분자들을 처리하는 과정을 공장의 조립 라인과 비교해 보는 것은 흥미로운 일이나, 미토콘드리아 내의 화학 과정은 이 비유가 주는 인상처럼 단순히 일렬로 배치돼 있지는 않다. 물질들은 기질로부터 내막을 통과해 외막과 내막 사이의 공간으로, 또다시 그 반대로 계속 이동되어야 한다(내막에 ATP 합성 관련 효소들이 박혀 있고, 물질들이 내막 안팎으로 이동되면서 ATP 합성이 일어난다.—옮긴이). 마침내 이 반응 과정의 최종 산물로 생긴 찌꺼기인 이산화탄소는 확산돼 없어지고 높은 에너지 화합물인 ATP가 외막을 통해 미토콘드리아 밖으로 나가 에너지를 필요로 하는 세포 내 다른 곳으로 수송된다. 각 단계의 수많은 반응들은 피드백 고리(feedback loop) 체계에 의해 그 속도가 정밀하게 조절된다. 피드백 체계에서 반응에 관계하는 효소는 자신이 관여해 만들어 내는 반응물 자체의 농도에 민감하다. 그 생성물이 쌓임에 따라 효소는 형태가 변하면서 자신이 주관하는 반응에서 덜 효율적으로 작용하게 된다. 이와는 반대로 어떤 효소는 마치 은행원이 기다리는 손님 줄이 길어지면 일하는 속도가 빨라지듯이 자신이 생산해 내는 물질이 축적되면 오히려 반응 속도가 촉진된다.

분자 차원의 세계로 들어가면 데이비드 흄이 말했던 '다양한 기계'와 '가장 미세한 부분에 이르기까지'(2장 참조)라는 감탄을 새롭게 음미하게 된다. 이러한 경탄은 그가 맨눈으로 할 수 있었던 방대한 관찰에 기초한 것이었다. 현대의 현미경과 생화학적 기술은 그의 경탄에 훨씬 더 설득력 있는 근거를 제공한다.

자연에서의 목적과 계획에 관련지어 세포 내 세계를 보는 데에는 또 하나의 이유가 있다. 진화 생물학에서 독립된 개체들의 활동을 다룰 때에는 이해관계가 대립되는 개체들 사이의 복잡한 상호 작용에 유의해야 한다. 배우자 간, 부모자식 간, 형제 간, 이웃하고 있는 영역 경쟁자 간, 숙주와 기생자 간의 관계들은 협동과 대립, 절충, 승자와 패자, 그리고 아마도 안정화된 교착의 복잡한 정렬로 특징지어질 것이다. 세포 내에서 무슨 일이 일어나는지를 이해하기 위해서도 최적화 개념이나 혈연 선택, 손익표와 같은 이론으로 무장해야만 할까? 답은 '단호히 그렇다.'이다.

앞서 논의한 미토콘드리아를 생각해 보자. 미토콘드리아는 세포 내에서 각 부품들로부터 직접 조립되지 않고 이미 존재하는 미토콘드리아의 증식으로 생겨나며, 자기가 속해 있는 세포의 유전자형과는 다른 고유한 유전자형을 미토콘드리아 안의 DNA에 암호화해서 갖고 있다. 세포 내 모든 미토콘드리아는 똑같은 유전자형을 갖는다고 말할 수 있고, 따라서 그들 사이에 대립은 거의 없다. 세포핵은 미토콘드리아와 다른 유전자형을 갖는다. 그렇다면 세포핵 안에 있는 유전자와 미토콘드리아가 갖고 있는 유전자 사이에서 대립이 발생할 수 있지 않을까? 그렇다, 발생할 수 있다. 그것도 아주 중요한 면에서 일어나는데, 여기에서는 명백한 예 하나만 들기로 한다.

미토콘드리아는 오로지 모계를 따라서 전달된다. 자손들이 갖고 있는 미토콘드리아는 전적으로 난자에서 온 것이다. 이 말은 수컷 세포 내의 미토콘드리아는 소멸될 운명이라는 뜻이다. 그러므로 미토콘드리아는 명백히 수컷의 세포 속에 존재하지 않는 것이 유리하다. 난자 세포 속에 들어 있는 미토콘드리아는 난자가 수컷을 결정하는 정자를 거부하도록 영향력을 발휘할 것이다. 난자가 수정란을 수컷으로 발생하게 할 Y염색체를 가진 정자에 의해 수정되면 난자의 미토콘드리아는 Y염색체의 영향을 차단해서 수정란을 암컷으로 바꾸기 위해 무슨 짓이든 할 것이다. 통상적으로 보이지 않는다고 해서 그런 대립이 존재하지 않는다는 뜻은 아니다. 이 특정 대립 관계에서 승자(결론적으로 말하자면 핵 안의 유전자)와 패자(미토콘드리아 유전자)가 있다는 뜻이다. 이 승자-패자 개념은 암수 성의 진화적 기원에 대한 현대 이론에서 결정적인 역할을 한다(5장 참조).

세포 내에서 일어나는 일들은 대부분 핵 안의 유전자가 조절한다. 핵 안의 유전자들 사이에서도 대립이 있을까? 각 유전자는 자기가 속해 있는 유전자형 전체의 적응도를 극대화하기 위해 다른 유전자들에게 의존함에도 불구하고, 답은 '역시 그렇다.' 이다. 암수 성에 의한 번식에서 하나의 유전자형은 한 세대에만 한시적으로 존재하며, 따라서 유전자들은 미래에는 더 이상 서로에게 의존하지 않을 것이다. 미래의 상호 독립은 현재의 상호 대립을 의미할 수 있다. 예를 들어 하나의 유전자가 자신을 복제할 수 있는 능력을 획득하여 어떤 유전자형에서 두 번 존재하게 되었다고 생각해 보자. 즉각적으로 나타나는 효과는 총체적인 이익 면에서는 해로울 공산이 크다. 왜냐하면 완벽에 가깝게 조율되어 있는 기계에서 무작위로 일어난 변화는 대개의 경우 그 기계에 해롭기 때문이다. 이기적인 복제 유전자는 자신이 두 배로 존재하는 대신 다른 유전자들에게 모종의 대가를 치르게 한다. 이것은 단순한 가정이 아니며, 실제로 오늘날 많은 유전학 논문들이 직렬 복제(tandem duplication, DNA의 한 부분이 복제되어 수십 개, 수백 개씩 나란히 붙어 있는 것.—옮긴이)와 전이 인자(transposable element, DNA 조각이 복제되어 염색체 여기저기로 이동하여 삽입되는 것. 그 결과 삽입되는 자리의 유전자를 교란시켜 표현형에 영향을 준다.—옮긴이)라는 전문 용어로 불리는 현상들을 넘치도록 다루고 있다. 그뿐만 아니라 유전자들은 모계에서 왔는지 부계에서 왔는지에 따라(genetic imprinting, 유전자 각인) 서로 다른 때에 능력을 발휘한다. 그러한 시간 조절이 부계 혹은 모계 유전자에게 미래에 특별한 이익을 준다면 말이다(이것은 6장에서 자세히 다룰 것이다.).

얌전한 대부분의 유전자들이 가끔 출현하는 불량 유전자들에게 자신들과 비슷해질 것을 강요하는 메커니즘이 최근 들어 주목받고 있다. 다수의 유전자들은 유전자 복제나 미토콘드리아 복제, 그 외에도 장기적 손해를 감수하고 단기적 이익을 보려는 세포 구성원들의 시도에 어떻게 해서든지 족쇄를 채워야 한다. 파괴적인 세포 전체의 번식(암) 역시 억제되어야 할 일종의 반동이다(8장 참조). 세포의 상세 활동은 필연적으로 절충, 조절, 안전 장치 등으로 이루어진 복잡한 체계일 수밖에 없으며, 다원주의적 관점에서만이 온전히 이해될 수 있다.

난자와 정자가 형성될 때 한 유전자가 이웃 유전자를 희생시키고 자신의 적응도를 향상시킬 수 있는 특별한 기회가 한 번 있다. 생식 세포들은 생산되는 과정에서는 전적으로 확률에 의한 공평한 게임을 벌이게 된다. 한 개체가, 만약 어머니에게서 유전자 A를, 아버지에게서 A′를 받았다면 그 개체의 생식 세포는 A를 지닌 것과 A′를 지닌 것이 똑같은 수로 생산될 것이다. 그러나 A′가 A보다 자신이 더 많이 전해지도록 영향력을 행사하는 돌연변이라고 가정해 보자. 이것은 A의 희생하에 A′의 적응도를 크게 향상시킬 것이다. 이는 또한 집단의 다른 모든 유전자에게 대가를 치르게 하는데, 그 이유는 돌연변이 A′의 향상이 A′를 가진 개체의 총체적인 유전적 성공에 좋은 영향을 미치는지 여부와 상관없이 A′는 증가할 것이기 때문이다. 자연에는 이런 종류의 대립이 수없이 많다. 어떤 쥐의 유전자는 그것을 가진 쥐의 적응도를 크게 감소시키는데도 불구하고 그 자신에게 이로운 방향으로 정자 형성을 왜곡시킴으로써 야생 개체군에서 자신의 비율을 유지시키기도 한다.

자연 선택이 어떤 방식으로 생물학적 현상을 형성하는지에 대한 관심은 전통적으로 생리학자나 분자 생물학자들보다는 생태학자나 동물 행동학자들의 몫이었다. 그러나 오늘날에는 진화론적 통찰력의 중요성이 세포의 내부 작용을 연구하는 생물학자들 사이에서 더 폭넓게 인식되고 있다. 적응의 중요성을 고려하지 않고 분자들의 상호 작용을 설명하는 화학과 물리학에만 의존해 세포의 현상을 이해하려는 시도는 나폴레옹의 전쟁을 탄도학의 지식만으로 이해하려는 것과 같다.

3장과 4장은 자연 선택 과정에서 필수적인 요소가 무엇인지, 자연 선택이 어떻게 작용하는지, 무엇에 작용하는지, 자연 선택으로 이루어질 수 있는 것과 없는 것이 무엇인지를 다루었다. 이제는 인간의 신체를 주된 예로 들어 살아 있는 생명체를 생산하고 작동시키는 기구에서 나타나는 자연 선택의 결과를 자세히 살펴보기로 한다. 또한 그렇게 진화된 기구가 어떻게 작동하는지를 조사하는 연구에서 사용되고 있는 유용한 과학적 방법들에 대해서도 언급하고자 한다.

5

성은 왜 있을까?

이 장의 제목(What Use Is Sex?)은 영국의 생물학자 존 메이너드 스미스가 1971년에 쓴 선구적인 논문에서 따왔다. 그가 남긴 연구 업적, 특히 『성의 진화(*The Evolution of Sex*)』(1978년)는 이 분야를 이해하는 데 크게 기여하였으며 이 장의 대부분이 그의 연구에 기초하고 있다.

성의 기원

여기에서는 편의상 몇 가지를 단순화해서 사용하고자 한다. 즉, 이 세상에는 박테리아, 식물, 동물, 세 종류의 생물이 있으며, 모든 동식물은 가끔은 무성 생식을 하기도 하지만 주로 유성 생식을 하며, 박테리아는 무성 생식만 한다고 치자. 박테리아가 무성 생식만을 한다고 해서 항상 자신의 유전자형을 그대로 자손에게 전달한다는 뜻은 아니다. 아주 드물게, 박테리아 개체들 사이에서 하나 혹은 그 이상의 유전자 교환이 이루어진다. 그리고 물론 한 계통(한 세포에서 번식해 나온 모든 세포들.—옮긴이) 안에서도 간혹 돌연변이가 일어난다. 그래도 박테리아의 번식은 전적으로 무성 생식이라고 본다. 즉 하나의 세포가 둘로 나뉘고, 각각의 딸세포는 모세포의 유전자형을 고스란히 갖게 된다. 눈을 크게 뜨고 박테리아를 아무리 관찰해 봐도, 식물과 동물의 조상인 박테리아와 같은 단세포 생물들로부터 어떻게 성이 분화되었는지 짐작하게 해 주는 단서는 발견되지 않는다.

사실 성의 기원에 대해서는 거의 알려진 것이 없다. 암수의 성은 지질 연대의 가장 초기에 해당하며 식별 가능한 다세포 동식물 화석을 풍부하게 포함하고 있는 캄브리아기(Cambrian period) 이전에 생겨났음이 분명하다. 캄브리아기는 약 6억 년 전에 시작되었고, 박테리아 같은 생명체는 적어도 20억 년 전부터 존재하고 있었다. 그러므로 20억 년 전에서 6억 년 전까지의 기간에 캄브리아기에 살았던 어느 생명체의 조상에서 성의 분화가 진행되었을 것이다.

성이 구체적으로 어떤 단계를 거쳐 진화했는지 단정 짓기는 어려우나, 유전자에 담긴 정보를 유지하기 위한 메커니즘의 부수적인 결과로 암수 성이 생겨났으리라는 데 점차 의견이 모아지고 있다. 몇 가지 가능한 가정 중 하나는 이렇다. 여러분이 어떤 원고의 교정을 보고 있는데 "We are no4 prepared for winter."라는 문장을 발견했다고 하자. 단어 끝에 숫자가 나타날 수는 없으므로 no4는 잘못되었다는 사실을 곧 알 수 있다. 이것은 CCAXT라는 염기 서열을 지닌 유전자의 경우와 비슷하다. 여기에서 X는 핵산의 구성 성분이 아니기 때문에 분명히 잘못된 것이다. 다행히 이런 경우에 우리는 이중 나선을 이루는 DNA의 두 가닥 중 상보적인 다른 한 가닥을 참고하기만 하면 된다. 그 다른 가닥이 GGTCA면 우리는 즉각 X가 G로 바뀌어야 한다는 것을 알 수 있다(G는 항상 C와 상보적으로 쌍을 이룬다.). 그러나 원고 교정자는 이런 종류의 도움도 없이 교정을 해야 한다. no4가 not이어야 하는지 now여야 하는지 알려 주는 어떠한 일반 법칙도 갖고 있지 않은 탓이다.

유전자 교정 또한 위에서 든 예처럼 수월하지 않을 때가 있다. X는 아니지만 그 자리에 적합하지 않은 DNA 구성 성분을 찾아냈다고 해 보자. 한 가닥은 GGTCA이고 다른 가닥은 CCAAT이다. 첫 번째 가닥의 C는 그 짝이 되는 다른 가닥의 동일한 위치에 G를 필요로 한다. 두 번째 가닥의 두 번째 A는 첫 번째 가닥에서 T를 짝으로 가져야 한다(밑줄 친 문자들 참조.—옮긴이). 그러므로 두 가닥 중 하나는 분명히 틀렸다. not이 올 자리에 now가 오면 뜻이 전혀 달라지는 것과 마찬가지로 어느 가닥이 맞는지 알 수 있는 방법이 없는 것이다. 만약에 그 DNA나 원고 외에 원본을 베껴 놓은 사본이 있다면 유전자 교정이나 원고 교정에 도움이 되지 않을까? 그렇기만 하다면 사본을 보고 C-G가 맞는지 T-A가 맞는지 알 수 있고, 계속 교정해 나갈 수 있다.

그런데 원고 사본이 있다 하더라도, 올바르게 교정을 볼 수 있을 것이라 안심할 수는 없다. 다른 사본을 찾아보니 nod(고개를 끄덕인다는 뜻.—옮긴이)로 되어 있다고 해보자. 분명 실제로 존재하는 단어긴 하지만 이 문장에서는 의미가 통하지 않는다. 자, 이제 어떻게 해야 할까? 달리 기댈 방법이 없으니 짐작을 하는 수밖에 없는데, 이것은 재앙을 가져올 수 있다. We are not ready(준비가 안 되었다.)와 We are now ready(이제 준비가 다 되었다.)는 전혀 다른 뜻이며 잘못하면 심각한 결과를 초래할 수도 있는 것이다. 천만다행으로 따로 베낀 사본에서 같은 단어의 철자가 동일하게 틀릴 가능성은 매우 적다. 사본은 대개의 경우 저자의 의도에 맞게 원고를 교정하는 데 유용한 자산이 된다.

다른 종류의 사본인 유전자 암호에도 똑같은 논리가 적용된다. 유전자의 분자 구조가 변화하면 세포 내의 특정 효소 기구에 의해 즉시 난센스(nonsense, 의미 없음. DNA 암호가 올바른 아미노산을 지정하지 않는다는 뜻.—옮긴이)가 인식된다. 그 유전자의 사본이 존재한다면 그것을 참고로 하여 난센스가 교정된다. 이러한 메커니즘은 보통 유전적 메시지가 적응적이게끔 해 준다. 그러나 여기에서 어느 사본에는 not, 다른 사본에는 now가 들어 있다고 해 보자. 둘 다 의미는 통하지만 둘 중 하나는 분명 틀렸는데 어느 것이 틀렸는지 알 도리가 없다. 그러므로 유전자 교정 기구는 대단히 효율적이나 완벽하지는 않다. 유전자 돌연변이가 일어난 후 교정되지 않은 채 남는다면 맞는 것과 틀린 것 둘 다 번식을 통해 후손에게 전해질 것이며 이때 비적응적인 유전

정보를 물려받는 자손들에서는 불행한 결과를 맞는 경우가 생길 것이다.

유전자 손상을 가끔 보수해야만 하는 필요성이 원시 박테리아의 생활사 어느 단계에서 유전자마다 2개의 사본을 갖게 했고, 그 결과 박테리아의 적응도가 향상되었을 것이라 추측할 수 있다. 이렇게 반드시 2개의 사본을 확보해 두기 위해 생겨난 메커니즘이 우연히 성으로 발전했을 수 있다. 즉 2개의 사본이 교정이 완료된 후 어느 시점에서 각자 다른 길을 간다면, 이로부터 염색체 분리(segregation)와 유전자의 독립 유전(independent assortment) 같은 유성 생식의 특징이 생겨나게 될 것이다(유성 생식에서는 생식 세포 형성 시 염색체의 무작위 분리가 일어나고 이에 의해 멘델의 분리의 법칙과 독립의 법칙이 나타난다.—옮긴이).

유전자 교정이 이루어지기 위해서는 다른 사본에 위치한 대립 유전자들이 나란히 마주 보고 서로를 비교해야만 하는데, 교정 중이 아닐 때에는 각자가 독립적으로 살아간다. 그렇다면 다른 유전체(genome, 게놈이라고도 함. 한 생물이 가진 전체 유전자 세트.—옮긴이)들은 교정이 필요할 때만 모이면 되는데, 이때 같은 원본으로부터 최근에 만들어진 사본들끼리는 별 도움이 안 된다. no4를 어떻게 고칠지 결정하는 데 최근에 뜬 사본을 참조하는 것이 쓸모없는 것과 마찬가지이다. 최근 사본 역시 no4가 no4로 되어 있기 십상이다. 이 골치 아픈 문장 교정을 위해서는 현재 갖고 있는 것과는 독립적으로 복사된 사본이 필요하다.

그러므로 자신의 유전체를 교정할 필요가 있는 원시 세포는 자기와 동일한 종이면서 혈통은 다른 세포를 참고하는 것이 현명하다. 이러한 일은 바로 단세포 식물이나 동물이 유성 생식에 돌입할 때 일어난다. 단세포는 다른 혈통의 비슷한 세포와 융합하여 둘 사이에 유전적 비교가 일어나게 한다. 단세포 생물에서 이렇게 한 세포 내에 2벌의 유전자가 존재하는 단계는 보통 일시적으로, 융합된 세포는 곧 둘로 분열되며 각각의 딸세포에 유전자가 1벌씩 나뉘어 들어간다. 이것으로 필요한 교정은 완료되었고, 이와 함께 다른 중요한 일도 일어났을 수 있다. 즉 하나의 딸세포가 원래 융합하기 전의 한 세포에서 온 유전자 1벌을 그대로 가져가고 다른 딸세포는 다른 세포에서 온 유전자를 고스란히 물려받을 수도 있으나, 종종 2벌의 유전자들 사이에서 재조합(나란히 마주한 염색체들이 부분적으로 교차되면서 유전자가 상호 교환되고 결과적으로 전체 유전자 조합이 변하는 것.—옮긴이)이 일어나 원래와 약간 다른 유전자 세트를 물려받을 수도 있다. 이렇게 DNA 손상을 복구하는 메커니즘이 우연히 유전자 재조합이라는 유성 생식의 독특한 특성을 만들어 냈을 것이다.

그런데 이런 일들은 그 어떤 것도 번식의 실제 의미(reproduction, 재생산 혹은 증식이라는 의미.—옮긴이)와는 관계가 없어 보인다. 앞에서 우리는 두 세포가 융합하여 2벌의 유전자를 가진 접합자(zygote, 암수 생식 세포의 결합(수정)으로 생긴 세포.—옮긴이)를 형성했다가 다시 2개의 세포로 갈라져 원래의 두 세포 상태로 복구되는 것을 보았다. 여기서 번식이라는 단어가 뜻하는 세포의 수적 증가는 전혀 일어나지 않았다. 하지만 의미심장한 다른 종류의 증가가 일어났음을 알 수 있다. 유전자 재조합이 일어났다면, 접합자의 분열에 의해 생성된 세포에서 2개의 새로운 유전자형이 생겨났을 것이다. 유전자형 X를 가진 세포와 유전자형 Y를 가진 세포의 융합으로 생긴 접합자가 분열하여 각각 W와 Z라는 유전자형을 가진 세포를 생산해 냈다고 하자. 전체 세포의 수는 변하지 않았으나 유전자형의 종류는 증가했다. X와 Y 유전자 2가지에서 시작하여 X, Y, W, Z, 4가지가 된 것이다.

각각의 유전자가 지니고 있는 유전 정보의 신뢰도를 지키는 것이 아마 성이 지녔던 태초의 기능이었을 것이다. 그러나 그것이 지금 성의 유일한 기능, 혹은 중요한 기능이라는 말은 아니다. 현대의 생물들에 대한 이론적인 연구와 생활사 관찰은 성의 진화 과정이 상당히 다른 의미를 가진다는 것을 보여 준다. 다시 말해 성은 새로운 2개의 유전자형을 생산함으로써 자손을 다양하게 해 준다는 데 큰 의의가 있다. 유전적 다양성은 새로운 세대가 부딪쳐 나갈 환경의 불확실성을 고려할 때 더 적응적이다. 그러한 다양성은 자손이 부모 세대와 상당히 유사한 조건에서 성장해 간다면 덜 적응적일 수 있다. 현재의 조건에서 성공적인 것으로 판명된 부모의 형질들을 그대로 갖는 편이 더 유리하기 때문이다. 무성 생식과 유성 생식을 하는 많은 생물들에 대한 관찰을 통해 이러한 해석을 확인할 수 있는데, 식물의 번식이 특히 좋은 예이다. 땅속줄기나 땅속뿌리와 같은 구조로 번식하는 식물처럼 부모 세대의 서식처 바로 근처에서 성장하는 경우에는 무성 생식이 지배적이다. 그러나 자손이 부모와 멀리 떨어져 미지의, 다양한 조건의 서식처에 퍼져 살아야 하는 경우에는 유성 생식으로 씨를 만들어 번식하는 것이 관찰된다.

어떤 종류의 다양성과 불확실성이 다양한 유전자형의 자손을 생산하는 유성 생식을 더 나은 전략이 되도록 할까? 그것은 분명 온도와 같은 단순한 물리적 변수의 문제는 아니다. 물의 온도와 화학적 성질은 해수보다 담수가 훨씬 더 다양한데도 담수 생물에서 무성 생식이 더 흔하다. 유성 생식을 유리한 적응으로 만드는 것은 생물학적 불확실성이다. 무성한 초원의 건강한 다년생 초본 식물은 온갖 종류의 기생자와 해충, 그리고 경쟁 식물들에 대항하여 성공적으로 살아간다. 바로 근처, 즉 자신과 동일한 조건에서 자라날 후손을 생산할 때는 무성 생식을 한다. 만일 멀리 떨어진 곳에서 미지의 착취자, 경쟁자들과 겨루며 살아가야 할 자손을 생산하게 된다면 그들은 유성 생식을 하여 자손이 다양한 씨로 삶을 시작하게 할 것이다.

왜 난자와 정자인가?

미생물 중에 앞에서 설명한 DNA 교정과 대단히 비슷한 방법으로 유성 생식을 하는 것이 있다. 비슷한 2개의 세포가 하루 중 정해진 시각이나 어떤 조건에서 합쳐져 한 세포 내에 2벌의 유전자를 지닌 접합자를 이룬다. 두 세포에서 온 염색체들은 일렬로 마주 보고 늘어서는데 이때 경우에 따라서는 부분적으로 염색체 교환이 일어나기도 하며 그 후 갈라서서 2개의 핵 속에 나뉘어 들어간다. 그러므로 각각의 핵은 정확한 수의 염색체와 유전자를 갖게 되며 세포가 둘로 나뉠 때 핵을 1개씩 가진 딸세포 2개가 생산된다. 딸세포들은 각각 성장하여 아마도 수많은 세대 동안 계속 무성적으로 증식할 것이다. 다시 다른 세포와 유성적으로 융합할 때까지 똑같은 유전자형을 지닌 수많은 단세포의 군집을 형성하는 것이다.

다양한 종류의 다세포 조류(미역, 다시마와 같은 바닷말류.—옮긴이)들에서도 이와 비슷한 과정이 일어난다. 조류는 크기가 거의 같은 자유 유영 세포를 방출하고, 이들은 다른 조류가 방출한 비슷한 세포들과 융합한다. 이렇게 융합된 세포는 다시 2개로 분열하여 딸세포를 형성하지만 이들은 분리되지 않고 서로 붙어 하나의 세포 덩어리를 이루고, 결국은 성체 크기의 조류 몸체로 자라난다. 이 새로운 세대의 조류도 머지않아 생식 세포(배우자)를 생산하여 유성 생식 세대를 반복할 것이다.

비슷한 크기의 배우자가 융합하여 접합자를 형성하는 이런 종류의 유성 생식은 다세포 생물에서는 드물다. 대개의 경우 융합되는 세포들은 크기 면에서 엄청난 차이를 보여 하나는 크고(난자) 나머지 하나는 매우 작다(정자). 왜 그래야만 할까? 왜 조류처럼 배우자의 크기가 거의 같지 않을까? 이 당연한 의문점은 놀랍게도 1979년 두 명의 영국인 파커(G. A. Parker)와 베이커(R. R. Baker), 그리고 나이지리아 인 스미스(V. G. F. Smith)로 이뤄진 연구팀이 정밀 조사와 새로운 증거에도 버텨 낼 설득력 있는 역사적 설명을 내놓을 때까지 완전히 무시되었다.

그들의 주장은 이렇다. 먼 옛날, 다세포 동식물의 조상은 크기가 같은 배우자 세포를 이용했다. 접합자는 새로 떨어져 나갈 개체들에게 배분하기 위해 적절한 자원 공급이 필요했는데, 당시에는 각 배우자가 필요한 영양물질 및 다른 물질들을 반씩 부담하여 충당했다. 불행하게도 이러한 상황은 그 자체로 함정을 지니고 있었다. 평균적인 개체들이 생식 활동에 할당된 1밀리그램의 재료로 1,000개의 배우자를 만들어 낸다고 치자(그러므로 배우자 1개의 무게는 100만분의 1그램인 1마이크로그램이 된다.—옮긴이). 그렇게 생산된 두 배우자의 융합으로 이루어진 2마이크로그램짜리 접합자는 정상적으로 성장하기에 적합한 상태라고 가정하자. 그런데 개체군에서 배우자를 생산하는 기구에 돌연변이가 일어나 한 개체가 1밀리그램의 재료로 0.9마이크로그램짜리 배우자를 1,100개 만들어 냈다고 하자. 돌연변이 개체는 조상보다 후손을 10퍼센트 더 많이 갖게 되었고, 이것은 그 자체로 자연선택에서 선호됨을 의미한다.

물론 이야기는 여기에서 끝나지 않는다. 이 돌연변이 배우자가 만든 접합자는 2밀리그램이 아니라 1.9밀리그램이 될 것이다. 이로 인한 불이익은 어느 정도일까? 더 많이 형성된 접합자의 수적 이득이 상쇄되려면 더 작은 크기로 인한 약점이 5퍼센트 이상이어야 한다. 그렇지 않으면 돌연변이 형태는 접합자의 낮은 생존력을 보상하고도 남을 정도의 큰 생산력으로 전체적으로는 이득을 얻어 성공적으로 퍼져 나갈 것이다. 곧 이 약삭빠른 유형은 수적으로 많아져서, 상당한 수의 0.9밀리그램짜리 배우자들이 자기들끼리 접합하여 1.8밀리그램짜리 접합자를 만들어 낼 것이다. 그들은 잘 살아 나갈 수 있을까? 설혹 적응도가 너무 떨어져서 0.9밀리그램짜리 배우자들이 더 이상 결과적으로 이득이 없다 하더라도, 개체군 내에서 0.9짜리와 1.0짜리가 둘 다 유지되는 상황이 정착될 수도 있다. 여기에 추가적으로 진화가 일어나 전체 상황이 더욱 복잡해질 수 있다. 만약에 꽤 많은 수의 개체들이 원래의 이상적인 2.0밀리그램보다 작은 크기로 살아가기 시작한다면 접합자들이 2.0밀리그램보다 적은 양의 물적 자원으로 생존해 나갈 능력을 배양시키는 방향으로 진화적 변화가 일어날 수도 있을 것이다. 이것은 작은 접합자의 크기로 인한 단점을 개선할 것이고 그 결과 그들은 수적으로 더 흔하게 될 것이다.

만약에 돌연변이가 접합자의 크기를 1.0에서 0.9로 감소시킬 수 있다면, 0.9뿐 아니라 0.8짜리도 생기지 않을까? 1.0, 0.9, 0.8, 이 3가지 크기의 배우자를 조합해 만들 수 있는 접합자가 표 3에 나와 있다. 크기가 1.6에서 2.0까지 폭넓게 가능할 때 접합자들의 적응도도 그에 따라 폭넓은 변화를 보이는 것은 놀랄 일이 아니다. 배우자의 크기에 따른 손익 계산으로 부모 세대의 적응도를 평가하려면, 자손의 크기와 적응도 사이의 다양한 관계에 적용되는 고도의 수학적 풀이가 필요하다. 큰 배우자를 만든 것일수록 적응도가 큰 자손을 갖게 되나 자손의 개체수는 줄어든다. 그 중간의 것들은 보통 정도의 적응도를 가진 중간 정도 수의 자손을 갖는다. 가장 작은 배우자를 생산하는 것은 가장 많은 수의 자손을 생산하지만 그들의 적응도는 중간

	배우자의 크기		
	0.8	0.9	1.0
배우자의 크기 0.8	1.6	1.7	1.8
0.9	1.7	1.8	1.9
1.0	1.8	1.9	2.0

표 3
배우자의 크기에 따른 접합자의 크기.

이하로 떨어진다. 각 선택의 효과는 이런 정량적 관계에서 산출된 정확한 값에 의해 결정된다.

이 수학적인 논리에 대해 더 자세히 알고 싶은 독자는 참고문헌에 소개한 전문적인 논문을 참고하기 바란다. 여기서는 단순히 넓은 범위의 관련 변수가 작용할 때에는 가장 큰 배우자를 만드는 개체와 가장 작은 배우자를 만드는 개체가 그 중간 정도 크기의 배우자들을 만드는 개체보다 더 유리하다 정도로 요약해 둔다. 그 진화적 귀결로, 큰 배우자는 더욱 커져서 결국 우리가 아는 난자가 되었고 작은 것은 더욱 작아져 마침내 경이롭도록 소형화된 정자가 되었다. 정자는 제한된 수의 난자를 대상으로 서로 경쟁을 벌여야 한다. 따라서 수정을 위한 경주를 벌이는 데 필요한 운동성 기구(대다수 종들에서 추진력을 가진 긴 꼬리 형태)를 갖게 되었다. 난자는 이제 파트너를 찾는 수고일랑 정자에게 맡겨 두고 편히 앉아 기다리기만 하면 되었다.

앞서 성의 원초적 전쟁을 승자 수컷과 패자 암컷으로 묘사했다. 난자를 생산하는 개체는 자손 양육에 필요한 영양 공급의 짐을 전적으로 떠맡아야 하는 반면, 정자 생산자는 공짜로 번식을 한다. 정자는 다음 세대에 기여하는 바도 없이 다른 개체가 난자에 기여해 놓은 자원에 대해 권리를 주장하기만 한다. 대부분의 종에서 수컷들은 다음 세대에게 아무런 투자도 하지 않는 채 단지 암컷이 투자해 놓은 것을 착취할 기회를 차지하기 위해 서로 경쟁한다. 몇몇 동물 집단에서 수컷들이 갓 태어난 새끼들이 살아갈 수 있도록 도움을 주는 것은 오로지 2차적으로 진화된 행동이다.

여기에서 승자와 패자는 순전히 새끼들에게 제공하는 영양 자원의 경제성 면에서 갈린다. 암컷은 번식을 하려면 자기 자신뿐 아니라 배우자를 위해서까지 그 모든 영양적 소비를 감수해야 한다는 뜻에서 패자이다. 이 말은 남자들이 여자들보다 더 편하고 더 행복한 삶을 누린다는 뜻이 아니다. 사실 수명이나 건강과 같은 진정한 인간적 가치 면에서는 오히려 그 반대이다. 번식 생물학은 남성에 의한 여성 억압과 어른들에 의한 아동 학대를 조장하는 인종적 · 종교적 관습의 근거가 되는 동시에, 궁극적으로는 남성들이 최대의 패자가 되게 하고 있다. 이 주장에 대한 증거는 남녀의 질병률과 사망률 통계만 봐도 알 수 있다.

몇몇 동물 종의 암컷들은 수컷들이 자신들에게 기생하는 것을 아예 근절시켜 버렸다. 암컷이 후손의 성장에 드는 모든 자원을 제공해 줄 난자를 만든다면, 난자를 수정시키려고 힘들게 수컷과 관계 맺을 필요가 있을까? 특히, 난자 생성 과정에서 자기 유전자 중 1벌은 버리고 나머지 1벌을 수컷에게서 받을 이유가 있을까? 난자 속에 자기 유전자 2벌을 모두 넣고 새 세대가 자기 유전자만을 갖고 번식하도록 하면 번식에 2배로 성공할 수 있는데 왜 그렇게 하지 않을까? 다른 종과 짝짓기를 하는 등 온갖 진화적 운명의 비틀림 속에서, 어떤 종은 아예 단성 생식을 하는 암컷으로만 이루어지게 되었다. 그들의 알은 모계 유전자를 고스란히 보유하며 정자의 관여 없이 발생한다. 어떤 종은 대체로 수정 없이 번식하다가 후손이 오랜 동면 후 다른 계절에 태어나게 될 경우, 혹은 기생자처럼 새로운 숙주에서 살게 될 경우 등 예측 불가능한 환경에서 성장해 나가야 할 때가 닥치면 수컷을 생산하여 유성 생식을 한다.

암수한몸은 왜 생겼을까?

다시 한번 그 풍부한 자료를 빌렸다. 이 소제목(Why Be A Hermaphrodite?)도 1976년 존 메이너드 스미스와 두 명의 뛰어난 공동 연구자들이 쓴 논문의 제목에서 따왔다. 논리적으로 암수한몸에 대한 의문이 들 단계가 되었고 이것은 성의 진화에 관한 다음 이야기로 우리를 인도한다. 하나의 개체가 2종류의 배우자를 다 만들어야 할까, 아니면 어떤 것은 정자만 만들고 어떤 것은 난자만 만들어야 할까? 정자와 난자를 모두 만든다면 암수한몸 혹은 자웅동체(hermaphrodite)라고 한다. 둘 중 하나만 만든다면 암컷 아니면 수컷이다. 어떤 종류의 배우자가, 언제 만들어져야 하는가와 같은 질문에 살아 있는 생명체들이 보여 주는 답은 대단히 다양하다. '언제'라는 질문이 필요한 이유는, 암수한몸에는 '동시적(simultaneous)' 암수한몸과 '순차적(sequential)'

암수한몸의 2종류가 있기 때문이다.

동시적 자웅동체는 동시에 난자와 정자 모두 생산한다. 수없이 많은 예 중에서도 지렁이와 여러 종류의 달팽이가 우리에게 가장 친숙하게 알려진 것들이다. 이들은 교미할 때 2개체가 동시에 각자의 정자로 상대방의 알을 수정시킨다. 암수한몸인 개체가 자신의 정자로 자신의 알을 수정시키는 법은 없다. 그렇게 된다면 번식 본래의 목적과 그 외 부수적인 목적에도 어긋날 것이다. 자웅동체인 식물 중에서는 정기적으로 자가 수분을 하는 종도 있지만 다른 대부분의 종에서 이는 최후의 수단이다. 다른 개체로부터 꽃가루(정자.—옮긴이)를 충분히 공급받지 못할 때 자신의 꽃가루로라도 자신의 난자를 일부 수정시키는 것이다. 자가 수분으로 생성된 씨앗은 이종 교배로 생긴 것보다 대체로 덜 튼튼하다. 이것이 일반적으로 근교 퇴화(inbreeding depression)라 불리는 현상이다.

대부분의 척추동물과 곤충은 암컷이거나 수컷인데 왜 지렁이와 많은 달팽이 종류, 그리고 대부분의 식물들은 동시적 암수한몸일까? 일반적으로 관찰되는 법칙은, 한쪽 성의 기능이 성취한 어떤 적응 현상이 다른 성에도 쓸모가 있을 경우 그 생명체는 동시적 암수한몸이 된다는 것이다. 예를 들면 곤충이 찾아오도록 꽃을 피우는 식물은 곤충을 2가지 목적으로 이용하고 있다. 즉 자신의 꽃가루를 다른 식물로 운반시키면서 동시에 다른 식물의 꽃가루를 자기에게로 가져오게 한다. 꽃의 꿀과 커다랗고 과시적인 꽃잎은, 그러므로 암수의 필요를 모두 충족시킨다.

암수 적응이 이렇듯 다양한 능력을 지니지 않거나, 특히 서로에게 방해가 되거나 경쟁적이라면, 암수한몸은 다른 몸으로 갈라서게 된다. 암수의 적응 양상이 서로 놀랍도록 다른 사슴과 같은 경우를 생각해 보자. 번식기마다 수컷은 영양 면에서 값비싼 한 쌍의 뿔을 만들어 암컷에 대한 성적 접근 경쟁에서 다른 수컷을 물리치기 위해 때로는 치명적일 수도 있는 폭력을 써야 한다. 이러한 무기와 호전적인 행동이 이후에 올 암컷의 임신과 수유 기능에 무슨 이득이 되겠는가? 암컷의 입장에서 그 뿔은 지독한 자원 낭비며 정당화될 수 없는 위험물일 뿐이다. 마찬가지로 수컷으로서는 발정기 후에나 일어날 임신을 위해 에너지를 절약해야 한다면, 암컷을 수정시키기 위한 노력을 신중하게 절제해야 하는 모순이 발생한다. 사슴의 번식 적응은 아무리 봐도 암컷과 수컷 모두에게 이득이 되는 메커니즘으로 생각되지 않는다. 그래서 사슴을 비롯한 포유류는 일반적으로 항상 암수가 분리되어 있다.

그러나 어류와 같이 척추동물 중에서도 달팽이나 지렁이 혹은 식물처럼 동시적 자웅동체인 종이 몇몇 있다. 어류는 대개 순차적 자웅동체인 경우가 많다. 물고기 새끼는 암컷이나 수컷 중 하나로 성숙하여 그 성으로 한동안 번식하다가 성을 바꾸어 이후에는 두 번째 성에 맞는 번식을 한다. 어떤 것은 암컷으로 시작하여 후에 수컷으로 바뀌고, 어떤 것은 그 반대이다.

성 전환의 방향은 '크기의 이득'이라는 가설을 확신시켜 준다. 다른 면에서 다 동등하다면, 경쟁자보다 클수록 이롭다. 암컷이라면 몸이 클수록 더 많은 알을 만들 수 있고(그리고 몸속에 지닐 수 있고), 알을 많이 낳을수록 더욱 많은 수가 수정될 수 있으며 자신의 유전자를 다음 세대에 더욱 성공적으로 전달할 수 있다. 만약에 암컷 하나가 1만 개의 알에서 9,000마리의 새끼를 얻는다면, 2만 개를 낳게 되면 1만 8000마리 가까이를 생산할 수 있을 것이다. 동일한 유형의 크기가 주는 이득이 수컷에서도 있다. 몸집이 클수록 정자를 더 많이 생산해 낼 수 있는 것이다. 100만 개의 정자가 겨우 하나의 알을 수정시킨다 하더라도, 20억

개의 정자는 10억 개의 정자보다 2배는 많이 수정시킬 수 있다.

그런데 수컷의 상황은 암컷의 경우처럼 그렇게 단순하지가 않다. 정자를 많이 생산할수록 더 많은 알을 수정시킬 수는 있으나 2배로 많이 만든다고 해서 반드시 2배 더 수정을 시키게 되는 것은 아니다. 수컷은 정자들의 경쟁에서 그 자신이 스스로에게 최악의 경쟁자가 되기 때문이다. 하나의 알에 수많은 정자가 접근할 때 그중 하나가 수정에 성공하면, 그 옆에 실패한 수많은 정자들은 바로 같은 수컷으로부터 온 정자들일 것이다. 암컷들은 이런 문제가 없다. 하나의 알이 하나의 정자를 받았다고 해서 자기 자신 혹은 다른 암컷의 알이 수정될 기회를 박탈하는 것은 아니다. 수정되기를 기다리는 모든 알들을 위해 항상 충분하고도 남을 정도의 정자가 있기 때문이다. 그러므로 커다란 몸집이 주는 이득은 암컷에서 훨씬 두드러진다. 이런 상황에서는 순차적인 암수한몸의 경우 번식 인생을 수컷으로 시작하여 더 많은 정자 생산에 대한 보상이 점차 줄어드는 몸 크기가 되었을 때 비로소 암컷으로 변하는 것이 제한 없이 생산 능력을 맘껏 향유할 수 있는 좋은 방법일 것이다.

이 주장은 수컷이 주로 정자 생산에서 서로를 능가하려 애

쓰는 식으로 경쟁한다고 가정한다. 그러나 어떤 생물 종은 수컷 하나가 둘 이상의 암컷을 독점하거나 암컷이 알 낳을 장소를 강점하는 등 정자 생산보다 더 직접적이고 결정적인 겨루기 경쟁을 한다. 이러한 짝짓기 체계에서는 다른 수컷을 지배하고 다른 수컷이 수태 가능한 암컷에게 접근하는 것을 막을 수 있는 수컷만이 알을 수정시킬 기회를 갖는다. 그러므로 이런 경우의 순차적 자웅동체는 처음에는 암컷으로 번식 활동을 시작했다가 짝짓기 경쟁에서 싸워 이길 가망성이 있을 만큼 몸집이 충분히 커진 다음에야 수컷으로 전환한다.

이 이론을 뒷받침하는 증거들이 있다. 수컷으로 시작하는 순차적 자웅동체의 경우, 덩치가 훨씬 큰 암컷 단계에 있는 개체가 알을 낳으면 여러 마리의 수컷 단계 개체들이 그 주위에 몰려들어 정자를 뿌려 대는 뒤범벅 경쟁을 벌인다. 암컷으로 시작되는 순차적 자웅동체는 항상 수컷들 사이에서 겨루기 경쟁이 벌어지며, 알 낳을 장소를 차지해 적극적으로 방어하고 있는 덩치 큰 수컷 단계의 개체들에게 작은 암컷 단계의 개체들이 줄지어 찾아온다.

포유류에서는 왜 이러한 경우를 기대할 수 없을까? 성공적인 수컷 고릴라는 몸무게가 암컷 고릴라의 2배 정도 되며 여러 암컷들로 이루어진 하렘을 거느린다. 그의 큰 몸집은 성적으로 결핍된 경쟁자 수컷들로부터 들어오는 잦은 도전을 물리치는 데 크게 기여한다. 왜 고릴라들은 80킬로그램 정도에서 암컷으로 성숙한 후 계속 자라나 160킬로그램에 이르면 수컷으로 전환되지 않을까? 그에 대한 해답은 의심할 여지없이 포유류의 생식기 구조에 있다. 포유류 암컷의 자궁과 질을 고환과 성기 등 수컷의 생식 구조로 교체하는 것은 재건축을 필요로 하고 시간도 오래 걸리며, 그 기간 동안에는 번식도 불가능하다. 그에 반해 물고기 암컷의 생식기는 알을 생산하는 난소 하나와 대체로 지름이 1밀리미터도 안 되는 알을 체외로 내보내는 단순한 관으로만 이루어져 있다. 난소에는 배 상태의 정소 조직이 그대로 보존되어 있어 필요할 때 정자 생산 기관으로 발달해, 알을 배출하던 바로 그 관을 통해 정자를 방출할 수 있다. 성 전환 작업은 포유류보다는 물고기에서 훨씬 더 빠르고 손쉽게 일어날 수 있는 과정인 것이다.

암수 성비

이 문제는 3장에서 자연 선택이 명백히 종에게 이득이 되게끔 작용하지 않는 방식의 예로 다루었다. 여기에서는 성의 진화라는 맥락에서 이 문제의 몇 가지 측면을 언급하겠다.

우리가 가장 잘 알고 있는 생물을 예로 들어 다음과 같은 실험을 한다고 상상해 보자. 우연히 목가적이면서 아무도 살지 않는 열대 섬 10곳을 찾아냈는데, 우리가 마음대로 배치할 수 있는 젊은 남녀가 각각 500명씩 있다. 한 섬은 남자 10명과 여자 90명으로 채우고, 그 옆 섬은 남자 20명과 여자 80명, 그 옆 섬은 남자 30명과 여자 70명…… 이런 식으로 해서 마지막 열 번째 섬에는 남자 90명과 여자 10명을 보냈다. 10년 후에 이 섬들을 다시 찾아가 태어난 아이들의 수를 세어 보자. 어느 섬에 아이들이 가장 많을까? 당연히 여성의 수가 가장 많은 섬이다. 출생 후 1년 혹은 수년 동안 돌보아야 하는 아기들의 수는 아기를 낳고 기를 수 있는 여성들의 능력에 의해 제한된다. 수정은 여성의 번식 과정을 발동시킬 뿐, 경제적 기여를 하지 않는다. 무작위로 추출된 10명의 남성은 무작위로 추출된 90명의 여성을 정상 비율로 번식하게 하는 데 충분할 것이다.

그러므로 번식 효율로 성비의 진화가 결정된다면 여아의 수가 남아의 수를 훨씬 능가해야 할 것이다. 그러나 실제 통계 수치는 누구나 알고 있듯이 이와 반대된다. 남자아이가 약간 더 많긴 해도 남녀의 출생률은 거의 같은 것이다. 이는 총체적 번식 효율이 성비를 결정하지는 않음을 나타낸다.

이 결론은 3장에서 빈도 의존 선택의 전형적인 예로 강조했다. 진화에서는 수적으로 열세에 있는 성의 후손이, 그 성이 더 이상 적은 수가 아닌 상황이 될 때까지 더 많이 생산되는 경향이 있다. 남녀 수가 똑같을 때에는 어느 쪽도 배우자 경쟁에서 특별히 이롭지 않으며 딸이나 아들이나 후손을 생산하는 효율은 같다. 즉 진화적 평형 상태에서는 아이가 넷이라면 넷 모두 아들이거나 넷 모두 딸이거나 혹은 아들과 딸이 둘씩 섞여 있거나 간에 차이가 없다.

이런 종류의 빈도 의존 선택에서 어떤 형질(예를 들면 여성이냐 남성이냐 같은)의 적응적 가치는 그 형질을 가지고 있는 개체들이 개체군에서 얼마나 되느냐에 달려 있다. 이런 종류의 선택은 어떤 환경 조건에 대한 적응을 만들어 내지 않고 오히려 그 조건

(이 경우에는 여성이나 남성의 수적 우세)을 제거한다. 그 결과 여자아이와 남자아이의 수는 거의 같아진다. 남녀 두 성의 성장 속도나, 사망률, 부모에게 주는 부담률, 그 외 다른 요소들의 차이를 면밀히 조사해서 얻은 결론은, 선택이 부모로 하여금 아들과 딸에게 총체적으로는 똑같은 양의 자원을 소비하도록 하는 개체군을 확립한다는 것이다. 좀 더 광범위하게는 어느 개체군이나, 즉 동시적 자웅동체거나 순차적 자웅동체거나 아니면 자웅이체거나 간에 수컷과 암컷의 역할에 동등하게 자원을 사용하려고 한다.

인간을 비롯해 자세히 연구된 동물과 식물 개체군은 이 이론을 놀라울 정도로 잘 입증해 준다. 이는 사람과는 생활사가 상당히 다른, 예를 들면 거의 모든 개체가 불임 암컷인 사회성 곤충 사회에도 적용되고 자웅동체의 성비에도 적용된다. 다른 개체와 정자와 난자를 주고받는 동시적 자웅동체들은 수컷 혹은 암컷으로서의 번식 노력에 균등하게 자원을 투자할 것이다. 순차적 자웅동체는 그 지역 내에 있는 암컷 단계 개체와 수컷 단계 개체의 상대적인 숫자를 고려하여 성 전환 시기를 택할 것이다. 성비의 문제는 신다윈주의가 가장 만족스럽게 적용되는 예 중 하나이다.

수컷의 크기

생물들의 생활사는 거의 같은 수의 암수 양성으로 구성된 종에만 관찰을 국한시켜도 갈피를 잡을 수 없을 만큼 다양하다. 그런데 신다윈주의가 이전까지는 놀랍고 신기하게만 여겨졌던 사실들을 이치에 닿는 것으로 만들기 시작했다. 예를 들면 수컷이 성적으로 성숙한 상태로 태어나는 종, 양성이 수십 년 동안 성적으로 미숙한 상태에 머물러 있는 종, 암컷이 수컷보다 훨씬 큰 종, 또 그 반대인 종, 암컷은 자기 새끼를 저버리고 대신 수컷이 자상하게 돌보는 어류나 조류, 암수가 잠깐 동안만 짝을 짓는 종, 혹은 여러 번식기 동안이나 때에 따라서는 평생 같은 배우자와 짝짓기를 하는 종 등 다양하게 존재하는 것이 이전에는 이해하기 어려운 신비였다.

여기에서는 그런 의문점들 중 한 가지, 암수 양성의 상대적인 크기 차이와 그러한 진화에 영향을 준 요인들만 살펴보겠다. 3장에서는 암수 물개의 상대적인 몸집의 차이를 예로 들었다.

우리가 예상하고 확인한 규칙은, 짝짓기 상대에 대한 수컷들 간의 경쟁이 전혀 없을 때에는 암컷이 수컷보다 크다는 것이다. 큰 몸집은 암컷의 번식 능력에 직접적인 영향을 미치기 때문에 수컷보다 암컷에게 더욱 이롭다. 자연계에서 암컷이 수컷보다 큰 경우는 반대 경우보다 훨씬 더 많으며 암수의 크기 차이가 극에 달하기도 한다. 넓은 대양에 살고 있는 수적으로 대단히 희박한 생물 종의 개체군 하나를 상상해 보자. 무작위로 돌아다니는 그 개체들은 서로를 만날 기회가 거의 없다. 해양 생물들이 흔히 그렇듯이 그들은 몇 분의 1밀리미터밖에 안 되는 미세한 유생으로 인생을 시작하여 수센티미터의 성체로 성장한다. 어느 날 플랑크톤들 틈에서 부유하고 있던 1밀리미터짜리 수컷이 알 낳을 준비가 된 암컷과 맞닥뜨렸다고 해 보자. 주위에는 크기를 막론하고 경쟁을 벌여야 할 수컷 자체가 없다. 이 조그마한 젊은 친구에게 여러분은 어떤 충고를 해 주겠는가?

나라면, "그 여자 친구를 잘 붙들게. 다시는 이런 기회가 안 올지도 몰라. 크고 강하게 성장하려는(낭비적이 되려는) 생각일랑 잊어버리게나. 다른 경쟁자 수컷들이 나타나 아주 이상적으로 보이는 지금 상황을 망쳐 버리기 전에 되도록 빨리 성적으로 성숙하도록 하게. 그 암컷의 알들을 수정하는 데는 알 하나당 현미경으로나 볼 수 있을 만큼의 작은 정자 하나면 족하네. 그런 것쯤은 아주 작은 체구의 수컷이라도 할 수 있는 일이지. 몸집을 키울 생각 말고 지금 그대로 성적으로 성숙해지면 몇 개의 정자 세포를 준비해 내일 당장이라도 알 몇 개를 수정시킬 수 있지 않겠나. 아무리 작아도 저 커다란 영양 덩어리 알을 수정시킬 수 있을 정도의 정자만 생산해 낸다면, 번식 성공은 맡아 놓은 셈이네. 혹시나 다른 수컷이 와서 경쟁하게 되더라도, 적어도 자네는 이미 저 생산적인 암컷을 가장 먼저 수정시키는 굉장한 기회를 누린 것이 되지 않나."라고 조언해 주겠다.

이는 수많은 해양 생물 종에서 흔히 발견되는 왜웅(矮雄, dwarf-male) 현상을 설명하는 데 사용되는 이론이다. 따개비(barnacle) 종류 중에는 수컷이 아예 암컷의 조개껍질 내부 공간에 미세한 흔적 기관으로 붙어사는 것도 있다. 아귀(angler)라는 심해어류 중에는 수컷이 자기보다 큰 암컷의 피부를 물고 평생 매달려 사는 것도 있다. 이 두 경우 모두 수컷 성체는 신체적으로 퇴화되어 때에 따라서는 자기들보다 1,000배는 큰 암컷에 기생한다. 이들만큼 극단적이지는 않지만 수컷이 암컷 크기의 약

10분의 1정도가 되는 왜웅 현상은 대부분의 동물군에서 흔히 관찰된다.

순차적 자웅동체와 관련해서 설명했듯이 수컷들 간의 겨루기 경쟁은 극적으로 다른 진화 과정을 이끌어 낸다. 10그램짜리 수컷이, 그보다 작은 수컷과 싸우면 언제나 이기는 어떤 동물 종에 9그램짜리 수컷이 하나 있다고 가정해 보자. 10그램짜리 수컷이 주위에 쫙 깔려 있다면, 9그램짜리가 짝짓기에서 승리하기 위해 성적으로 빨리 성숙하려 애쓰는 것은 어리석은 일이다. 몸집을 더 키우는 편이 현명한 일인 것이다. 9그램에서 11그램으로 성장하는 데는 그리 오래 걸리지 않을 것이고, 그때쯤이면 얼마나 경쟁력을 갖추게 될지 상상해 보라. 이러한 상황에서 수컷의 크기가 계속 커지도록 진화하는 것은 놀라운 일이 아니다. 그러나 이 과정은 왜웅 현상처럼 암수에서 극단적인 크기 차이를 만들어 내지는 않는다. 물개와 향유고래, 영장류에서 수컷은 암컷 몸집의 2~3배까지는 커지나 10배까지 되는 일은 없다.

이 장은 성의 진화라는 대단히 중요하고도 복잡한 주제를 여러 수준에서 다루었다. 성의 기초 분자 과정은 어떻게 시작되었는가? 성에 의해 생겨난 유전자 재조합은 생물의 생활사에 어떤 역할을 하는가? 같은 크기의 배우자가 불안정해지고 미세 정자와 거대 난자로 진화한 이유는 무엇인가? 한 개체가 난자를 생산할 것인가 정자를 생산할 것인가 아니면 둘 다 생산할 것인가, 또한 언제 생산할 것인가는 무엇이 결정하는가? 다른 종류의 배우자를 생산하는 종에서 각 개체들은 다른 개체들과 어떻게 비교되고 연관되는가? 다음 장에서는 이런 일반적인 이야기들을 좁혀 하나의 종인 우리 인간의 성이라는 문제에 초점을 맞춘다.

6
인간의 성과 번식

생명체들이 보이는 생활사의 다양함은 놀랄 정도이다. 성체 하나당 자손의 수, 성숙하는 데 걸리는 시간, 각 연령대의 성장률과 사망률 같은 수치는 종마다 크게 다르다. 우리 인간도 그런 몇몇 항목에서 극단적인 값을 보인다. 생명체들은 또한 번식 과정도 세포 수준에서 다르다. 유성 생식과 무성 생식이 주요한 방식이나 역시 대단한 다양성이 존재한다. 많은 생명체들이 유성 생식만을 하고, 일부는 무성 생식만을, 또 일부는 무성 생식이 좀 더 보편적이나 2가지 방식 모두 사용한다.

인간은 초기 배(胚)가 무성 생식적 분열을 하여 생겨나는 일란성 쌍둥이라는 드문 예를 빼고는 전적으로 유성 생식을 하는 집단에 속한다. 쌍둥이 출산이 워낙 드문데다 최근까지도 그중 한 명이나마 성공적으로 생존하기가 어려웠으므로 쌍둥이는 부적응적인 비정상으로 생각할 수 있다. 그러므로 우리는 자웅동체가 아닌 분리되어 있는 남성과 여성이 만나 오로지 유성 생식만 하는 생물의 대표적인 예이다. 또 인간은 자식을 생산하고 돌보는 것과 직접 관련이 없는 남녀의 성징, 즉 남성의 수염이나 큰 몸집, 강한 근육, 남녀의 음성 차이와 같은 대조적인 특성들에 있어 성 선택의 영향을 보인다.

임신

자연 선택이라는 관점에서 봤을 때 모체와 태아의 관계만큼이나 자비로움이 확실하게 보증된 관계가 있을까? 태아를 생산하고 기르는 것은 어머니가 자신의 유전자를 후대에 전하는 분명히 적응적인 방법이다. 어머니의 유전적 성공은 성공적으로 임신을 완수하는 데 달려 있다. 마찬가지로, 태아도 태반을 통한 모체와의 연결에 전적으로 의존한다. 태아는 오직 어머니를 통해서만 양분과 산소를 얻고 체내의 노폐물을 제거할 수 있다. 그러므로 인간의 임신이야말로 타협이 필요 없는 완벽한 상호 이득 프로그램이라고 믿어도 되지 않을까?

그러나 사실은 그렇지 않다. 모체와 태아는 공통의 이해관계를 갖고 있으나, 지금부터 이야기할 몇 가지 사실들은 둘 사이에 대립이 존재함을 암시한다. 여성은 성공적으로 번식하기 위해 태아(궁극적으로는 아마도 여러 명의 태아)를 키워야 하지만, 이때의 태아는 현재 잉태하고 있는 바로 그 태아만을 뜻하지는 않는다. 만약 그 태아가 생존과 번식에 불리한 중대한 결함을 지닌 채 태어난다면 어떻게 될까? 자궁 내부를 검사하는 기계들을 이용해 그 결함을 미리 알게 된다면 임산부로서는 되도록 빨리 잘못된 태아를 유산시키고 다음에 더 나은 태아를 임신하기를 기다리는 편이 보다 적응적일 것이다. 실제로 인간 배의 상당수가 여성 스스로 임신한 것을 깨닫기도 전에 유산돼 버린다. 이러한 유산은 대개 온전한 배를 보유하려는 모체 조직의 적응적 선택이 가져오는 결과이다. 그러나 배 입장에서는 이러한 모체의 선택을 방해하는 것이 적응적이지 않을까? 안전하게 착상되어 그 상태를 유지하는 것은 배로서는 죽느냐 사느냐의 문제이다. 곧 더 나은 태아를 다시 갖게 되리라는 희망하에 현재의 태아를 거부하는 것은 모체에게는 불확실한 이득일 것이다. 이런 종류의 대립에서는 승자를 가려내기 어렵다. 이기는 것은 배의 입장에서 더 중요하지만 모체에 비해서는 자원이 한정돼 있다. 분명한 것은 대립이 존재한다는 사실뿐이다.

모체와 태아 사이에 대립이 있으리라는 예측은, 직관적으로는 설득력이 있으나 논리적으로는 평가하기 힘든 반대 주장의 저항을 받고 있다. 이것을 명확하게 밝힐 수 있는 단 하나의 방법은 이해가 얽힌 다양한 개체들에서 유전자들에 대한 전망을 정식으로 따져 보는 것이다. 여기에는 어머니만 있는 것이 아니라 어머니와 똑같은 비중으로 태아에게 유전자를 제공해 준 아버지도 있다. 뿐만 아니라 태아와 부모, 세 사람과 같은 가계에 속해 같은 유전자를 공유하고 있는 친족들도 있다. 특히 중요한 개체들은 어머니한테서 이미 태어났거나 혹은 미래에 태어날 가능성이 있는 자식들인데, 이들 모두 어머니의 궁극적인 유전적 성공에 크게 연관되어 있다. 또한 현재와 미래의 자식들에서 아버지의 유전자가 얻는 이익도 따져 보아야 한다. 이렇게 고려해야 할 자식들은 모두 현재 태아의 이복형제거나 동복형제일 것이다.

하나의 개체인 태아의 입장에서 번식의 궁극적인 효율을 위한 이상적인 상황은 어떤 것일지 생각해 보자. 태아의 성장과 기관 발달을 위한 유전적 프로그램은 일정 수준의 영양분 공급을 필요로 한다. 영양분은 적은 것보다는 많은 것이 좋으나, 유입량의 증가에 의한 이익이 더 이상은 증대될 수 없는 시점까지만 그렇다. 성인이 필요 이상으로 지나치게 많이 먹을 수 있듯이 인간은 생활사의 어느 단계에서나 그럴 수 있다. 영양분 섭취와 태아 건강 상태의 관계는 대략 그림 6의 곡선이 보여 주는 것과 같다. 이 곡선이 진화의 문제에 적용되려면 태아의 개인적 복지뿐만 아니라 포괄 적응도 또한 보여 주어야 한다. 3장의 혈연 선택에서 설명했듯이 태아에게 이상적인 상황은 그 상황이 태아의 혈연들에게 미치는 영향에도 어느 정도 의존하고 있다.

태아에게 최적의 섭취량은 최대의 포괄 적응도를 나타내는 것으로 그림 6에서 O_f로 표시되어 있다. 불행하게도 이상적인 상황이 유지되려면 발달 과정에서 수많은 유전자들이 빈틈없이 정확하게 작동해야 한다. 어느 유전자에서 돌연변이가 일어나 모체가 어떤 영양분의 농도를 약간 감소시키도록 만든다고 가정해 보자. 어떤 메커니즘을 통해 혹은 어떤 발달 과정을 거쳐

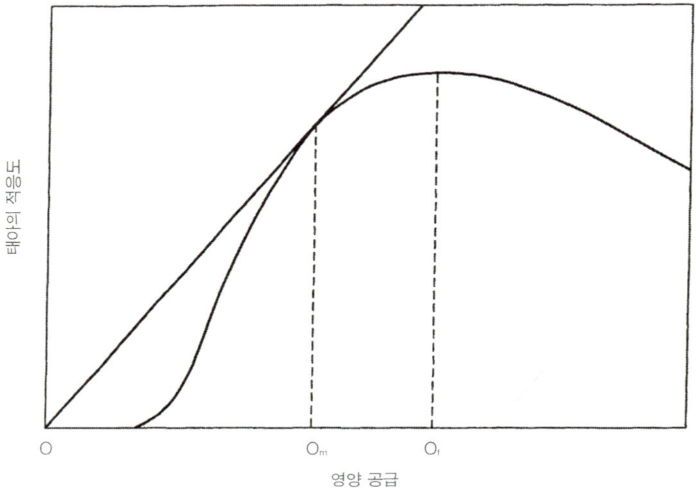

그림 6
영양 공급에 따른 태아의 적응도.

서 그렇게 되는지는 여기서는 논외로 하고 단지 돌연변이가 임산부의 몸에서 태반으로 운반되는 포도당의 농도를 약간 감소시킨다고 하자. 모체가 이로부터 얻는 이득을 상쇄하는 불이익이 있기 전에는, 임신한 여자들에서 이 돌연변이를 선호하는 자연 선택이 일어나 원래의 대립 유전자는 이 돌연변이 유전자로 일부 혹은 전부 대체될 것이다.

그 이유를 이해하기 위해 모체의 관점에서 그림 6을 볼 필요가 있다. 현재의 태아에게 제공되는 자원은 무엇이든지 다른 목적에는 쓰일 수 없다. 태아에게 운반되는 포도당은 임산부가 낳은 또 다른 자식인 네 살배기 아이를 먹일 음식을 준비하는 데 필요한 에너지로 사용될 수 없다. 그녀는 그 포도당을 10년 후의 임신을 위해 생존하는 데, 또는 이듬해의 수유를 위해, 혹은 내일 닥쳐올지도 모를 위급 상황을 위해 글리코겐 형태로 간에 저장해 놓을 수도 없다. 한마디로 태아에게 영양분을 준다는 것은 그녀 자신의 적응도가 감소되는 것을 대가로 치르게 한다.

기부는 지출당 최대의 이득을 줄 때 가장 가치가 있다. 임산부 입장에서는 투자된 자원에 대한 이익이 가장 가파르게 증가하도록 자원을 소비하는 것이 이상적이다. 그림 6에서 이것은 원점에서 시작하여 태아의 이익 곡선과 만나는 가파른 직선을 이룬다. 모체에게는 그보다 더 가파른 직선이 나을 테지만 그러한 직선은 곡선에 닿지 않기 때문에 이상적이지 않다. 덜 가파른 직선, 즉 태아의 최적점(O_f, 곡선의 정점)을 지나는 직선은 투자된 자원당 이익이 더 적기 때문에 어머니에게는 최적이 아니다.

직선이 곡선과 만나는 점, 즉 O_m이 어머니에게 가장 이상적인 투자점이다.

그림 6에서 보듯이 이런 상호 작용 관계에서 어느 한쪽에게 이상적인 상태는 다른 쪽에게는 이상적이지 않다. 어머니 쪽에 작용하는 선택보다 태아에게 작용하는 선택이 태아에게 더 많은 영양물질을 주도록 할 것이다. 이런 종류의 선택에 사용되는 수학 공식은 복잡하지만 결론을 이야기하면, 개체군에서 포도당과 같은 영양물질의 공급은 태아에게 이상적인 수준보다는 약간 적고 모체에게 이상적인 수준보다는 약간 많은 정도로 절충된다. 그 절충된 값은 안정되어 있으나 변하지 않는 것은 아니다. 어느 개체가 최적에서 벗어난 값을 나타내면, 그에 가해지는 선택은 그 값을 이상적인 쪽으로 이동시키려 할 것이다. 즉, 모체는 포도당 공급을 감소시키는 방향으로, 태아는 그것을 늘리는 방향으로 선택이 일어날 것이다. 태아는 모체에게 이로운 상황에 대항하여 자신의 대책을 강구하고, 반대로 모체는 태아의 상황이 나아지는 것에 대처한다.

이 추론에 대해 그릇된 반대 의견들이 가끔 대두된다. 즉, 어머니에 대한 선택과 태아에 대한 선택을 논할 때 마치 이들이 개체군 내의 종류가 다른 개체인 것처럼 얘기하는 것은 옳지 않다는 말이다. 어머니와 태아는 인간 생활사의 서로 다른 단계에 있을 뿐이며, 태아가 모체로부터 영양물질을 최적량 이상 받음으로써 얻는 초과 이득은 후에 그런 태아를 잉태하는 모체가 보게 될 손해로 정확하게 상쇄된다는 것이다. 이 주장은 무성 생식의 경우에만 의미가 있으며 인간 번식의 중요한 2가지 측면을 무시하고 있다. 첫째, 여아만이 성장하여 후에 임신을 경험한다는 점이다. 어떤 유전자의 작용에 의해 모든 태아가 모체에서 과다하게 영양물질을 뽑아 내게 되면 모든 태아가 득을 보지만, 이 태아들 중 절반인 여아만이 이후의 임신으로 이 이득의 대가를 치르게 될 것이다. 둘째, 인간은 유성 생식을 하기 때문에 멘델의 유전 법칙을 따른다는 점이다. Aa라는 유전자형에 들어 있는 대립 유전자 A가 새로이 나타난 돌연변이고 태아의 욕심을 부추긴다면, 그 태아의 자손 중 절반만이 A를 갖게 될 것이다. 그러므로 욕심쟁이 Aa태아 중에서도 여아의 반수(그러므로 전체 자식의 4분의 1)만이 A를 물려받고 대가를 지불하게 될 것이다. 유전자 a를 받는 개체는 욕심을 덜 부릴 것이다. 이러한 논리는 1974년 미국의 생물학자 로버트 트리버스(Robert L. Trivers)가 포유류에서 나타나는 더욱 의아한 종류의 대립, 즉 어머니와 젖 떼는 아기 사이의 대립에 대한 설명에서 확립한 것이다.

출산 이전의 어머니와 태아 사이에도 이와 비슷한 종류의 대립이 존재한다. 하버드 대학교의 생물학자 데이비드 헤이그(David Haig)가 임신 현상을 진화의 시각에서 연구해, 강력한 대립이 존재한다는 설득력 있는 증거를 발견하여 이 분야 연구의 이정표를 세웠다. 태아가 착상되어 맨 먼저 하는 일은 자궁 조직을 침범해 들어가는 태반을 형성하고 주변의 정상적인 혈액 순환 체계에 장애를 일으키는 것이다. 그렇게 되면 모체는 태반으로 연결된 동맥을 정상적으로 수축할 수 없고 태반으로 유입되는 혈액의 양을 조절할 수 없게 된다. 태아가 자신의 성장을 위해 스스로 형성한 태반은 잠시 후 모체의 혈액 속으로 화학 자극 물질을 분비하기 시작한다. 그 화학 물질 중 하나가 다시 모체의 다른 부분에 있는 혈관을 수축하도록 자극해 모체의 혈압을 높인다. 높은 혈압은 태반으로 더 많은 혈액이 유입되도록 간접적으로 돕는다. 태반은 또 인슐린과는 반대로 혈액 내의 당의 농도를 증가시키는 화학 물질도 분비한다.

예상대로 모체는 이러한 태아의 조작을 가만히 보고만 있지는 않는다. 모체는 태아가 생산한 화학 물질의 작용을 억제하는 화학 물질을 만들어 낸다. 그러면 태아는 조절 물질을 그보다 더 많이 생산해 내도록 진화하는 방향으로 선택될 것이고, 이런 식으로 계속 모체와 태아 사이의 화학 무기 경쟁은 막대하게 상승한다. 가장 극명한 예가 평소에는 인간 조직에 미량으로 존재하며 인슐린과 반대 작용을 하는 호르몬인 인간 태반 락토겐(human placental lactogen)이다. 이 호르몬의 농도는 임신한 모체에서 임신하지 않은 여성보다 1,000배 높다. 헤이그가 정확히 지적했듯이 이렇게 상승된 호르몬 수치는 언성이 높아지는 것과 마찬가지로 대립이 일어나고 있다는 신호이다.

이것은 단순히 지적 흥미를 일으키는 문제가 아니라 실질적으로 심각한 산부인과적 증상들의 원인이 되고 있는데, 헤이그는 재치 있는 비유를 통해 왜 그럴 수밖에 없는지를 잘 설명해 주었다. 대립의 당사자들은 사실 혈압과 같은 몇 가지 생리적인 수치를 약간 높이거나 낮추고자 할 뿐이다. 이것은 여러분은 라디오 소리를 높이고 싶은데 옆 사람은 낮추고 싶어 하는 상황과 비슷하다. 여러분이 먼저 소리를 높이면 옆 사람은 곧 그에 반응하여 소리를 줄일 것이다. 이런 식으로 서로 짜증 나는 상황이 계속되면 두 사람은 현재의 라디오 소리가 원하는 정도에서 약간만 벗어나도 가만있지 않게 된다. 그런데 갑자기 둘 중 한 사람이 포기하거나 라디오를 조작할 수 없게 되었다고 하자. 그러면 두 사람 다 고통스러울 정도로 소리가 커지든가 소리가 아주 없어지든가 둘 중 하나의 상태에 처하게 될 것이다.

이것은 모체가 태아의 조작에 저항할 능력이 심각하게 결핍된 경우와 비슷하다. 그 결과 고혈압이나 극단적인 경우에는 자간(子癎, eclampsia, 분만 때 흔히 일어나는, 전신 경련과 실신 및 발작 등의 증상을 보이는 임신 중독증의 하나.—옮긴이)이라고 하는 위험한 상태에 빠지기도 한다. 또 임신 당뇨가 오기도 한다. 이러한 증상들은 태아가 경쟁에서 이겼다는 표시라고 할 수 있다. 그러나 이러한 승리는 패자뿐 아니라 승자에게도 나쁠 수 있다. 모체에 심각한 손상을 끼치는 것이 태아가 원하는 바가 될 수는 없다. 경미한 자간전증(preeclampsia, 임신 중기 이후에 나타나는 부종 · 단백뇨 · 고혈압 등의 증상.—옮긴이)도 혈액을 응고시켜 태반 혈관에 폐색 증상을 초래해 태아의 영양 조건을 도리어 감소시킬 수 있다. 모체를 죽음에 이르게 하는 완벽한 승리는 태아의 완전한 패배를 의미한다.

유전적 대립의 개념은 최근에 발견된 유전자 각인이라는 현상을 설명하는 데 이론적 근거를 마련해 주고 있다. 보통 한 유전자의 영향은 그것이 부모 중 어느 쪽에서 온 것인지에 관계없이 항상 같다. 19세기 유전 과학의 창시자인 멘델이 흰색 완두꽃에서 얻은 꽃가루로 빨간색 완두꽃을 수분시켜 얻은 결과는 그 반대로 해서 얻은 수분의 결과와 똑같았다. 그러나 우리가 이미 오래전부터 알고 있듯이 포유류의 번식에서는 그렇지 않다. 노새(암말과 수나귀의 잡종.—옮긴이)와 버새(수말과 암나귀 사이에서 난 잡종.—옮긴이)는 똑같지 않다. 최근에 켜져 있거나 꺼져 있는 상태의 유전자가 쥐의 난자나 정자를 통해 유전되는 것인지도 모른다는 사실이 발견되었다. 이에 따르면 수컷은 모체의 혈액에서 될 수 있는 대로 많은 영양물질이 운반되도록 작용하는 유전자가 켜져 있는 정자를 생산한다. 암컷의 난자에서는 그 유전자의 대립 유전자가 꺼져 있으며, 난자는 정자에 켜져 있는 유전자와 반대로 작용하는 유전자를 켜는 식이다.

라디오 소리 조절 분쟁의 비유는 여기에도 적용된다. 수컷이 모체의 이해에 상충되는 유전자를 켜지 않는다면, 모체 쪽에서 켜진 유전자가 자신의 발육만을 생각하는 태아의 이기심을 압도하게 될 것이다. 어머니는 배우자와의 이 경쟁에서 완전히 승리하겠지만 그 결과는 자신과 배우자 모두의 번식 실패이다. 사람의 유전 실험에서는 쥐에서와 같은 이러한 유전자 각인 현상이 분명하게 알려져 있지 않다(최근 200여 개의 각인 유전자가 확인되었다.—옮긴이). 그러나 이러한 효과가 포유류에서 일반적으로 나타나며, 종종 임신 중 기능 저하 증상의 원인이 됨은 의심할 여지가 없다.

임신한 여성의 마음의 평화를 위해서는 다행하게도, 임산부는 자신이 태아와 벌이고 있는 화학 전쟁에 대해 전혀 자각하지 못한다. 그녀가 승리하면 태아는 유산될 것이고 그녀는 유산의 원인을 거의 모른 채 지나갈 것이다. 그녀가 패배한다면 임신 당뇨나 다른 산부인과적 질환을 심각하게 앓는 소수의 여성에 속하게 될 것이다. 그러나 대개는 분쟁 당사자 어느 한쪽의 분명한 승리 없이 팽팽한 줄다리기가 계속되는데, 그렇게 되면 임신과 출산 모두가 원만히 진행된다.

임신한 여성의 마음의 평화를 위해서는 불행하게도, 갓 임신한 여성은 보통 중독이나 위와 관련된 병리적 증상들을 심하게 겪는다. 지속적으로 메스꺼움을 느끼며 경우에 따라서는 구토를 하고 음식을 먹지 못할 정도로 심각하기도 하다. 도대체 이게 다 무슨 일일까? 왜 인간 생활사의 필수적인 부분에 이렇게 질병과도 같은 증상이 따라다니는 것일까? 더욱 알 수 없는 것은 이렇게 분명한 의문점이 1988년 캘리포니아 대학교의 마지 프로펫(Margie Profet)이 참신한 이론을 내놓을 때까지 모든 생물학자들과 전문 의료인들의 관심 밖에 있었다는 사실이다. 그녀는 메스꺼운 증상이, 혈액 중에 돌아다니고 있는 독소를 찾아내고 이에 반응하는 뇌의 정상 메커니즘이 임신에 의해 재조정되는 과정에서 비롯된다고 설명했다. 임신 초기에 뇌는 호르몬의 영향을 받아 메스꺼움을 느끼기 시작하는 수준을 낮춰 감수성을 평소보다 예민하게 잡아 놓는다. 그 결과 임산부는 극미량의 독(주로 식물이 초식 동물로부터 자신을 보호하기 위해 진화시킨 것)에도 민감해진다. 이런 극미량에 대해 모체는 곧 내성을 갖게 되지만 태아의 조직은 그렇지 못하다. 신체의 각 기관이 형성되고 조직이 분화되는 임신 초기 3개월 동안에 태아는 성인에게는 전혀 문제가 되지 않는 미량의 독에도 쉽게 손상될 수 있다. 임신 초기의 입덧은 정상 발생을 저해할 수 있는 독소로부터 태아를 보호하기 위한 하나의 적응 현상이라고 볼 수 있는 것이다.

1992년 프로펫은 임신 초기 입덧에 관한 자신의 해석을 뒷받침해 주는 이론적 설명과 증거를 크게 보강해 논문을 발표했으며 1995년에는 그것을 주제로 해서 『태어날 당신의 아기를 보호하려면(*Protecting Your Baby-To-Be: Preventing Birth Defects in the First Trimester*)』이라는 책을 출간했다. 그녀의 생각이 옳다면 이것은 심각한 의학적 각성을 촉구한다. 메스꺼움이나 특정 음식을 멀리하는 것 같은 입덧 증상을 억제하기 위해 약을 쓰는 일은 기형아 출산 확률을 높일 수 있기 때문이다.

출산

출산 시기는 모체와 태아 간의 대립이 의심되는 임신의 또 다른 국면이다. 자궁은 달을 다 채운 태아에게는 멋진 바깥세상보다 더 안전한 곳이며, 자궁 안에 오래 머물수록 외부 세계에 나가 적응하는 데 조금이라도 더 좋은 영양 상태가 될 것이다. 어머니로서는 조기 출산이 더 편하다. 그것은 출산의 물리적인 부담으로부터 더 일찍 해방되는 것을 뜻할 뿐만 아니라 아기가 작을수록 출산이 덜 힘들기 때문이다. 그러므로 모체로서는 평균보다 약간 짧은 임신 기간을 갖는 것이 더 이롭고, 태아로서는 평균보다 약간 긴 기간을 자궁 안에서 보내는 것이 더 이롭다. 둘의 이상적 조건이 크게 차이가 나는 것은 아니지만 임신 중 대립은 분명히 일어난다. 출산이 가까워지면 모체는 출산 과정에 착수하게 하는 옥시토신(oxytocin)이라는 호르몬을 생산한다. 모체와 태아의 서로 다른 유전적 이해관계를 고려할 때 태아가 옥시토신을 중화시키는 물질을 분비할 것이라는 점을 충분히 예견할 수 있다.

인간의 출산과 관련하여 현재 가장 확실한 진화적 통찰은 모체와 태아 사이의 대립보다는 인간이 먼 과거로부터 물려받은 불행한 유산과 관련이 있다. 초기 육상 거주 척추동물에서 골반이 처음 진화했을 때 소화기나 생식기, 배설기와 같이 체외로 통하는 모든 기관들이 골반환(pelvic ring)을 지나가게 되었다. 근본적으로 같은 기하학적 구조가 오늘날의 후손들에게까지 그대로 보존되었다. 그 옆에 있는 골격 한 부분을 자세히 관찰해 보자. 앞쪽의 좌우 치골과 뒤쪽의 척추와 연결된 좌우 좌골이 이루는 뼈의 고리를 주목해 보자. 아기는 그 고리보다도 더 좁은 공간을 밀고 나와야 한다. 왜냐하면 질벽과 직장, 그리고 그 외 구조들이 그 안에 들어차 있기 때문이다. 좁은 통로로 아기를 밀어내야 하는 인간의 분만은 다른 어느 포유류의 출산보다도 힘든 과정이다.

자, 이제 골반과 늑골과 흉골 사이에 있는 뼈가 없으면서 아주 넓은 공간을 살펴보자. 왜 인간은 이렇게 충분한 공간을 출산에 사용하지 않는 걸까? 사실 많은 여성들이 제왕 절개 출산에서 이 공간을 이용한다. 진화가 제공해 주지 못한 길을 외과 의사가 열어 주는 것이다. 이것은 한 가지 중요한 면에서, 즉 아기를 통과시킬 때 어떠한 물리적인 문제도 일어날 여지가 없는 가장 알맞은 크기라는 점에서 더 좋은 출구이다. 물론 그 외의 모든 면에서는 좁은 골반을 통과해 질을 지나는 것보다 덜 바람직하다. 그래도, 질을 통한 출산이 가진 많은 장점에도 불구하고 압력을 가해 좁은 통로로 태아를 밀어내도록 한 것은 심각한 인체 설계의 실수라는 사실에는 변함이 없다. 분별 있는 기술자라면 누구라도 질의 출구를 하복부에 고안했을 것이다. 그러는 편이 진화나 의사가 제공해 주는 출구보다 월등히 나았을 것이다(이외에도 인간 신체에는 근본적인 구조적 실수가 수없이 많다. 그 중 몇 가지는 다음 두 장에서 상세히 설명할 것이다.).

어린 시절

어린아이들이 부모와의 관계나 자기들 사이의 관계에서 이기적으로 행동한다는 전제에는 굳이 증거가 필요하지 않을 것이다. 젖 떼는 시기의 대립은 심하며, 특히 어느 정도 언어 능력이 발달하는 연령까지 아이에게 모유를 먹이는 소수의 현대 여성들의 경우 이것을 뚜렷이 겪게 된다. 세 살배기 아이는 귀찮게 굴 뿐 아니라 엄마가 왜 계속 젖을 주어야 하는지 아주 그럴듯한 이유를 감동적으로 댈 것이다. 이것은 아이가 앞으로 커가면서 계속될, 엄마와 아이 사이에 있을 심한 언쟁의 전초전일 뿐이다.

가족 내 대립의 대부분은 유전적 이기심을 근거로 하는 진화 이론으로 이해될 수 있다. 앞서 등장한 그림 6은 태반에 공급되는 포도당뿐만 아니라 자녀의 일주일 용돈에도 적용된다. 좀 더 넉넉한 용돈을 받고 싶은 욕심은 가치 있는 자원이라면 무엇이든 더 많이 갖고자 하는, 일반적으로 그리고 생물학적으로 이해될 수 있는 욕구의 한 특별한 예에 지나지 않는다. 인간의 진화 과정 전반에 걸쳐 더 많은 자원은 대개 더 나은 신체적 건강과 더 높은 사회적 지위를 가져와 더 많은 수의 더 바람직한 짝짓기 상대와 동료, 후원자를 보장해 주었다는 것을 생각해 보라.

어린아이들은 출생 후 사춘기가 되기까지 통상적으로 성행위나 번식을 하지 않는다. 그러나 적절하게 영양을 섭취하고 질병을 피하는 것, 다른 어린아이나 어른들과 함께 살아가는 데 유용한 우정을 형성하는 것, 인생에서 성공하기 위해 필요한 것을 습득하는 일 따위로 이루어지는 어린 시절의 성공은, 그 개체가 후손에 유전자를 전달하는 궁극적인 생물학적 성공에 있어 번식만큼이나 중요하다. 여러 면에서의 적응도 추구는 때로 상호 대립적이 되고 적당한 절충안과 타협점을 찾기가 쉽지 않을 때도 있다. 다시 말해 돌 도구 만드는 기술을 연마하는 것은 식량으로 쓸 조개를 캐는 시간을 감소시킬 것이다.

그러한 문제는 오늘날과 같이 엄청나게 비정상적인 환경에서는 특히 해결하기가 어렵다. 4차 방정식의 해를 구하는 방법을 공부하는 것은 피아노로 야상곡을 연주하거나 축구공을 패스한다던가 딸기밭에서 잡초 뽑는 요령을 습득할 시간을 빼앗아 갈지도 모른다. 필요한 자원과 사회적 지위를 획득하고 혈연을 돕는 것은 더 이상 유전적 성공을 보장해 주지 않는다. 현대 사회에서는 그런 세속적인 성취가 오히려 유전적 성공을 감소시킬 수도 있고, 사회 경제적으로는 실패한 사람이 더 많은 자식을 키울 수도 있다. 그러나 축구나 수학이나 아름다운 정원 가꾸기의 기술을 연마하고자 하는 욕망의 동기는, 의심할 여지 없이 역사적으로 그 기술들이 후세대에 유전자를 성공적으로 전하는 데 유용했었다는 사실에 기초하고 있다.

배우자 찾기와 자식 키우기

인간의 성장과 성적 성숙은 느리지만, 언젠가는 어린아이였던 개체가 어른 사회에 받아들여지며 어른의 특권과 책임을 얻게 되는 시기가 찾아온다. 그 과정은 점차적으로, 비공식적으로 이루어지기도 하고 사춘기 의식이나 고등학교 졸업, 결혼식과 같이 성인의 길에 들어서는 것을 공식적으로 나타내는 사회적 관습과 함께 이루어지기도 한다. 청년들은 늘 복잡하게 얽혀 있고 경쟁이 심한 배우자 찾기 게임을 시작한다. 인간의 역사에서 배우자의 질과 가족 관계는 유전적 성공을 달성하는 데 있어 항상 중요한 문제였기 때문에 배우자 찾기는 대단히 중요한 자원에 대한 경쟁이라고 할 수 있다.

최근 들어 인간 행동의 기원을 진화적으로 이해하고자 하는 생물학자들이 인간의 성적 경쟁에 주목하기 시작했다. 인간은 남녀의 번식 생리가 뚜렷한 차이를 보이기 때문에 성적 전략 또한 대부분의 포유류에서 그렇듯이 몇 가지 중요한 면에서 서로 다르며 대립적일 것이라고 예측할 수 있다. 여성은 임신 기간 동안, 그리고 이후 수유 기간 대부분 동안 자식 부양을 홀로 떠맡는다. 이러한 생리적 부담 때문에 젖먹이 아이의 수는 엄격히 제한된다. 그것은 어떤 한 남성 혹은 남성들이 아이에게 유전자의 절반을 제공했든지 간에 마찬가지이다. 그녀의 출산율은 그녀 자신의 생리적 능력에 의해 결정되며 그 능력은 다시 그녀 자신의 복지에 의해 결정된다.

성공적으로 젖을 떼는 것은 다음 세대에 성공적으로 유전자를 전달하는 작업의 일부일 뿐이다. 아이는 성인이 되었을 때, 이를테면 배우자와 같은 필요한 자원에 대한 경쟁력을 갖추도록 양육되어야 한다. 어떤 남성 혹은 남성들이 그녀의 유전적 성공에 도움을 줄 수 있느냐 하는 것은 주로 젖 뗀 후의 아이 양육과 보호, 훈련에 있어서만 문제가 된다.

친밀하게 짜여 있는 사회 구조를 지닌 수십 명의 수렵 채취 유목민들과 살아가는, 사라이라는 이름의 혼기에 이른 처녀를 상상해 보자. 그녀에게는 형제나 사촌, 이모, 조카 등 가까운 친척들이 많이 있고 그들 대부분이 혈연이나 결혼으로 서로 연관되어 있다. 며칠만 걸어가면 닿는 그리 멀리 떨어지지 않은 곳에 그런 집단이 또 하나 있는데 그들도 그녀와 언어와 습관이 꽤 비슷하고 가끔 그녀가 속한 집단 사람들과 결혼하기도 한다. 그 집단과 가끔 거친 대립이 있기도 하지만 대개의 경우 우호적인 경쟁과 무역을 위한 접촉, 단발적인 사회적 교류가 이루어지고 있다. 이렇게 서로 이해가 잘되고 편안한 사람들이 사는 곳에서 더 멀리 가면 다른 언어를 사용하고 이쪽 사회의 상식으로는 받아들이기 어려운 관습을 지닌 사람들이 살고 있다. 그들에 대해 갖는 적응 감정은 두려움과 증오심이다.

석기 시대의 결혼 관습 또한 틀림없이 오늘날처럼 다양했을 테지만 여기에서는 사라이가 자기의 남편감을 결정하는 데 어느 정도 결정권이 있다고 가정하자. 그녀의 부모나 책임이 있는 다른 어른들이 결정을 내리는 데 분명히 관여하겠지만 그들의 선택은 결국 사라이의 결정에 영향을 받는다. 자, 사라이는 누구를 골라야 할까? 이상적인 남편감은 신체가 튼튼하고 경제력이 있고 현명해야 한다. 앞으로 수십 년간 사라이와 가족을 돌봐야 하므로 어느 정도는 젊어야 한다. 또 사라이와 그녀의 아이들을 위험으로부터 지켜 주는 데 필요한 힘과 재주, 영향력도 갖추고 있어야 한다. 어려울 때 도움을 줄 수 있는 친구와 친척도 지닌 남자여야 한다. 또 온화하고 믿음직한 성격에, 사라이를 학대하지 않고 다른 여자 때문에 그녀를 버리지도 않아야 한다. 자연 선택은, 남자를 보고 직관적으로 이러한 면과 그와 관련된 매력을 제대로 평가할 수 있는 여성을 선호할 것이다.

그러나 이러한 선택은 굉장히 어려운 것이다. 왜냐하면 실제로 이것은 한 남자 장래의 건강이나 수명, 사회적 지위, 성적 성향, 아직 태어나지도 않은 자식 돌보는 법 등에 관해 예견하는 것이기 때문이다. 최선의 선택을 한다 해도 경쟁 후보의 수가 너무 적어 신통치 않은 남자를 고를 수도 있다. 그 얼마 안 되는 후보들 중에서 총각이 몇 명이나 될까? 아니, 꼭 총각일 필요가 있을까? 추장의 아들 세스는 사라이보다 몇 살 위인데 (아마도 임신 중이거나 수유 중인) 부인이 하나 있고 또 하나의 부인을 얻으려 하고 있다. 그와 결혼하여 첩과 같은 상태의 두 번째 부인이 되는 것이 어브램과 결혼하는 것보다 나을까? 어브램의 사회 경제적 지위는 추장 아들과는 비교도 안 될 정도지만 적어도 다른 여자와 한 남편을 공유해야 하는 상황은 일어나지 않을 것이다. 그런데 여기에 지난 가을 석류나무 축제 때 만난 독수리족의 잘생기고 머리 좋은 젊은이 키난이 있다. 좀 기다렸다가 삼촌 이녹에게 다음 축제 때 키난의 부모를 만나 공개적으로 협상을 해 달라고 하는 것이 더 나을까? 그러나 기다렸다가 모든 것을 그르칠 수도 있다. 사촌 재리드의 딸이 하루가 다르게 성숙해 가고 있어 앞으로 만만찮은 경쟁자가 될 가능성이 충분해 보인다. 사라이는 정말 결정을 내리기 어려운 고민에 빠졌다. 사라이 장래의 행복은 자신이 내릴 결정 하나에 달려 있는 것이다.

자, 이제 신부감을 구하고 있는 어브램이란 젊은이를 생각해 보자. 어브램의 유전적 이해는, 그의 미래 자식들과 경쟁할 우려가 있는 전남편의 소생이 딸리지 않은 자유로운 여자가 가장 잘 충족시켜 줄 것이다. 이것은 꽤 나이 어린 여자여야 함을 뜻한다. 젊다는 것은 임신 가능한 기간과 그의 자식을 기를 수 있는 기간이 길다는 것을 의미하기 때문이다. 그 외에 건강 상태와, 아내와 어머니로서의 역할을 기꺼이 해내려는 의지를 보여 주는 성격적인 면도 중요하다. 사라이의 결정에서는 신랑감 후보의 가족 관계가 물론 중요하긴 했지만 그보다는 사회 경제적 지위가 더 중요한 고려 대상이었던 것에 반해, 어브램이 아내 될 사람을 평가하는 데에는 근본적으로 신부감의 개인적인 특성이 더 중요하게 다뤄진다.

또한 사라이는 거의 관심이 없었던 유전적 측면이 어브램에게는 매우 중요한 고려 사항이 된다. 그의 번식은 생리적 조건에 의해 제한을 받지 않는다. 정상적으로 번식 가능한 남자라면 자식의 수는 대개 얼마나 많은 여자를 수태시키는가에 달려 있다. 그에게 신붓감의 질은 신붓감의 수보다 덜 중요할 수 있다. 지금 한꺼번에 아내를 둘 이상 얻을 수는 없지만 어브램은 미래에 부인을 더 얻을 수 있는 기회를 항상 눈여겨보고 선택의 가능성을 열어 두는 게 좋다.

사라이와 어브램이 결혼했다고 가정해 보자. 그들이 지닌 번식 전략에 있어서의 근본적인 차이는 함께 사는 동안 변함없을 것이다. 두 사람 다 번식적으로 정상이라면 사라이는 곧 임신을 할 것이며, 임신에 한 번 실패하더라도 곧 다시 임신하게 될 것이다. 그녀가 정상아를 분만하여 그 아이가 영아기와 그

후의 위험을 극복하고 생존한다면 그녀는 적어도 2~4년 동안은 아기에게 젖을 먹일 것이다. 수유는 배란을 억제하므로 젖을 먹이는 기간에는 임신이 되지 않는다. 아기가 젖을 떼면 곧 배란이 시작되고 배란 몇 주기 안에 사라이는 다시 임신할 수 있다. 모든 것이 순조로우면 이런 식의 번식이 계속될 것이다. 그녀가 운이 좋아 폐경기까지 산다면 그때쯤 그녀는 4명이나 많아야 5명 정도의 아이를 둘 것이고 더 많이 낳지는 못했을 것이다. 어브램이 번식 가능하고 이해심 깊으며 좋은 남편이자 아버지인 한 사라이는 계속 스스로를 운이 좋다고 여기며 남편의 질투심을 일으킬 만한 행동은 피할 것이다. 특히 어브램이 그녀가 낳은 아이들이 그의 자식인지 의심할 만한 일을 하지 않는 것이 중요할 것이다.

어브램의 입장은 좀 다르다. 사라이의 아이들이 대부분 생존한다면, 그가 무의식중에 그러나 시종일관 몰두해 있는 번식 경쟁에서 그는 승자가 될 수 있다. 그런데 더 큰 승리도 가능하다. 만약 비슷한 번식 능력을 지닌 부인을 하나 더 둔다면 그의 승리는 2배가 될 것이다. 기회만 된다면 그가 또 하나의 부인을 가족으로 끌어들일 것이 충분히 예상된다. 그러나 사라이는 남편을 하나 더 얻는다 해도 그런 이득이 없다. 그녀의 생산성은 그녀 자신의 생리적 한계에 의해 결정되는 것이지 정자의 수로 결정되는 것이 아니기 때문이다. 어브램에게 올 수 있는 또 다른 기회는 다른 남자의 아내를 수정시키는 것이다. 비합법적인 자식이어도 사라이와의 사이에서 낳은 자식들만큼 그의 유전자를 가지고 있고, 만약 그 남자가 경제적인 부담을 감수해 준다면, 덤으로 얻은 자식들은 어브램의 자원을 축내지도 않을 것이다.

간음이란 혼자 하는 것이 아니다. 어느 인간 사회에서든지 남자들이 혼외 관계를 더 적극적으로 추구할 것으로 예상되는데, 사실은 사라이 같은 여자들이 그에 협조하기 때문에 가능한 일이다. 그녀에게 무슨 이득이 있을까? 가능성은 2가지다. 그녀가 1년이 넘도록 임신할 기미를 안 보여 종족 내에서 존중받지 못한다고 느끼고 있다고 해 보자. 번식 능력이 확실한 남자와의 간음은 현재의 비생산적인 상태를 끝내 줄 것이다. 불임이 의심되는 것이 어브램의 유일한 흠이라면, 그녀는 당연히 간음에 대해 최대한의 비밀 보장을 원할 것이다. 사라이가 간음할 경우는 대체로 어브램과의 혼인이 주는 사회 경제적 불만이 그 원인일 가능성이 크다. 그녀는 심지어 번식적 패자와 사느니 차라리 세스의 첩이 되겠노라고 공개적으로 선언할지도 모른다.

물론 여자들 역시 질투심을 가질 수 있고, 사라이는 어브램이 가끔 재리드의 딸과 밀회를 갖는다는 사실을 알게 되면 틀림없이 화를 내며 비참해 할 것이다. 그러나 사라이에게 어브램의 간음은, 어브램에게 사라이의 간음이 의미하는 것만큼 위협적이지 않다. 간음 행위 자체가 위협이 되지 않는 이유는 어브램은 얼마든지 다시 사정할 수 있고 상대 여자의 임신조차도 사라이와는 직접적 관련이 별로 없기 때문이다. 어브램이 그 비합법적인 아이들을 위해 자원을 소모하고자 사라이의 몫을 빼앗아 갈 때만 문제가 된다. 어브램의 간음은 그가 현재 상태에 그다지 만족하지 못함을 암시할 수 있다. 그에 반해 사라이의 간음은, 어브램에게 자원에 대한 문제를 안겨 줄 뿐 아니라 직접적인 생물학적 위협이 되기도 한다. 사라이가 다른 남자의 아이를 임신하면 어브램의 유전자를 위해 기여할 몇 년을 그에게서 박탈하는 것이 된다. 게다가 어브램이 깜빡 속아 그 아이를 자기 아이로 생각한다면, 자기 아닌 다른 남자의 유전자를 위해 자원을 제공하는 것이 되므로 그로서는 큰 손실이다. 유부녀의 간음은 한 남자의 유전적 성공에 주요한 위협이 되므로, 따라서 적응은 그 가능성을 최소화하는 방향으로 진화하리라 예측할 수 있다. 그리하여 남자의 질투가 극심할 것으로 예상되는데, 이 역시 새로울 게 없는 이야기다. 폭력적인 남자의 질투심을 주제로 하는 수많은 이야기만 봐도 이러한 사실이 직관적으로 이해되어 왔음을 알 수 있다. 트로이의 헬렌이 도망쳤을 때, 오셀로가 데스데모나가 부정을 저지른 증거를 잡았다고 생각했을 때 어떤 일이 일어났는지 떠올려 보라. 소설 속의 이야기는 현대인의 생활에서 일어나는 사건들과 너무나 닮아 있다. 여자들이 살해되면, 그것은 거의가 질투심에 찬 남자에 의해 일어난 일이다.

이런 이야기들은 대부분의 사람들이 갖고 있는 남녀 관계의 경험이나 직관에는 부합하나 과학적으로 인정받을 수 있는 근거는 되지 못한다. 다행스럽게도 지난 20년간 많은 생물학자, 심리학자, 고고학자들이 좀 더 신빙성 있는 자료들을 수집해 왔다. 그 결과 이제는 배우자 선택과 결혼의 도덕관과 관련해 남녀 간의 대립이나 남녀 간의 성적인 차이를 보여 주는 증거들이 충분히 밝혀져 있다. 현대 사회에서 누가 누구를 살해하는지에 대한 생물학적 분석은 캐나다의 심리학자 마틴 데일리(Martin Daly)와 마고 윌슨(Margo Wilson)의 1988년 공저 『살인(*Homicide*)』

에 자세히 나와 있다. 인간의 성적 태도에 대한 대표적인 생물학 연구로는 캘리포니아의 고고학자 도널드 시먼스(Donald Symons)가 쓴 『섹슈얼리티의 진화(*The Evolution of Human Sexuality*)』(1979년)와 역시 캘리포니아 고고학자인 세라 블래퍼 허디(Sarah Blaffer Hrdy)가 쓴 『여성은 진화하지 않았다(*The Woman that Never Evolved*)』(1981년)가 있다. 더 최근의 연구들은 본문 뒤에 소개한다.

7

노화와 그 외 결함들

죽음은 삶의 중요한 한 일면이다. 여러분이 사고나 병 혹은 폭력으로 죽지 않는다면 노화라 불리는 그 어떤 것으로 죽음을 맞이하게 될 것이다. 우리가 사용하는 기계들은 확실히 우리와 비슷한 구석이 있어 보인다. 여러 해 동안 충실히 작동하던 세탁기가 어느 날 갑자기 멈춰 버린다. 여러분은 수리공을 부르고, 수리공은 기계의 조절 장치를 새로 갈아 끼워야 한다고 진단한다. 부품값으로 20달러, 품삯으로 80달러가 드는 일이다. 그에게 100달러를 지불하고 말썽을 일으킨 부속을 교체하자 세탁기는 다시 작동하기 시작한다. 혹은 아주 오래된 기계라면, 아마도 여러분은 100달러를 들이기엔 너무 아깝다고 생각할 것이다. 조절 장치가 낡아서 세탁기가 멈출 정도면 세탁기 내의 다른 중요한 부품들도 비슷하게 낡았을 것이고 곧 또 고장을 일으킬 가능성이 크기 때문이다. 그렇다면 차라리 세탁기를 새로 하나 사는 것이 나을 것이다.

인간의 육체도 이와 비슷하지 않을까? 중요한 기능을 하는 신체의 한 부분이 기능 감퇴가 목전에 닥쳤음을 경고하는 증상을 보인다면, 여러분은 의사라는 수리공에게 도움을 요청할 것이다. 의사는 고장 난 부분을 고치거나 새것으로 갈아 끼워 준다(인공 심장 밸브나 플라스틱 골반 등.). '새 몸을 하나 사는' 것 같은 선택이 없다는 점 외에는 세탁기와의 비유가 잘 맞아떨어지는 듯하다. 얼마 지나지 않아 화학적인 쇠퇴, 기계적인 남용, 마찰에 의한 마모로 인해 어느 한 부분의 기능에 문제가 생긴다. 다른 신체 부분들도 비슷하게 낡고 닳았을 터이므로 첫 번째 고장 이후 오래 가지 않아 또 다른 고장이 발생한다. 예상대로 얼마 못 가 낡고 닳음이 승리한다. 세탁기 수리공이 세탁기를 영원히 돌아가게 할 수 없듯이 의사도 여러분을 영원히 살게 할 수 없다. 논리적으로 맞는 이야기 같다. 정말 그럴까?

천만에 말씀, 인간 육체의 적응적 행동이 쇠퇴하고 죽음의 가능성이 높아지는 것은 기계가 낡아 가는 것과는 다르다. 인간의 몸이나 세탁기나 오랜 사용으로 누적된 영향을 받지만, 상당히 다른 의미에서 그렇다. 생물의 나이 듦(aging)과 퇴행으로 정의되는 노화(senescence)를 동의어로 사용하는 것은 옳지 않다. 'aging' 은 포도주나 체다 치즈 덩어리의 완만한 숙성을 의미하기도 한다. 노화를 낡게 되는 것이나 닳게 되는 것, 녹슬게 되는 것, 혹은 인공적으로 만든 기계가 고장 나는 과정에 비유하는 것은 지대한 오해를 초래할 수 있다. 세탁기는 주로 철 합금으로 만들어진 물체이다. 세탁기를 이루는 철은 10년이 지나도 거의 전부가 처음 있던 자리에 그대로 있다. 기계는 한번 조립되고 나면 10년 후까지 크기와 모양이 크게 변하지 않는다. 마모나 부식 같은 변화는 사용에 의해, 혹은 단순히 시간이 경과되면서 누적된다. 인간의 육체에서 일어나는 일은 이와는 전혀 다르다.

생명체는 하나의 물체라기보다는 온갖 종류의 작용이 일어나고 있는 장소이다. 여러분이 한번 숨을 내쉴 때마다 좀 전까지 여러분 몸의 구성 성분이었던 약 1밀리그램의 탄소 원자가 날숨으로 배출된다. 여러분이 매일 호흡, 배설, 출혈 등으로 입는 손실은 얼마나 될까? 아마도 여러분이 섭취한 양만큼일 것이다. 몸무게 50킬로그램을 유지하고 있는 사람이 하루에 1킬로그램의 음식과 음료수를 섭취한다면 1킬로그램의 물질을 배출해야 한다. 그렇게 하지 않으면 일정 몸무게를 유지할 수 없을 것이다.

자동차도 가솔린을 섭취하고 공기를 이용하여 수증기와 이산화탄소, 그리고 이보다 조금 더 유해한 몇 가지 물질을 미량 배출하지 않느냐고 반문할 수도 있겠으나, 이것 역시 우리 몸의 섭취 및 배설과는 전혀 다르다. 가솔린과 산소는 절대로 자동차의 일부가 되는 법이 없다. 가솔린이 들어 있는 연료통에서 어디까지가 가솔린이고 어디부터가 연료통인지 의심할 사람은 아무도 없다. 공기 필터를 통해 흡입된 산소는 카뷰레터를 지나 실린더로 가면서 가솔린과 합쳐지고 배기 시스템을 통해 다시 밖으로 나간다. 이와는 대조적으로 포도주 한 모금 속에 들어 있는 약간의 물과 알코올, 설탕의 일부는 몇 초 내에 여러분 신체 기구의 일부분이 된다. 녹말과 단백질, 그리고 물에 잘 녹지 않는 물질들은 몸에 흡수되려면 먼저 분해되어야 하므로 시간이 좀 걸리기는 하지만 결국은 대개 몸의 일부가 된다. 식사가 끝난 후 한 시간 내로 음식의 구성 성분들은 여러분의 신경과 혈구, 근육의 긴요한 한 부분이 된다. 바로 그 시간에 다른 성분들은 그런 역할에서 배제되어 날숨으로 배출되거나 방광이나 직장으로 모아져 배출된다. 인간이 만든 기계에서는 이런 일이 일어나지 않는다. 기계와 연료는 항상 분명하게 구별이 되며, 기계는 인체가 그러하듯이 끊임없이 자신을 재생시키지 않는다.

물론 인체도 화학적 공격을 받아 낡고 닳을 수밖에 없다. 여러분이 무엇인가를 만질 때마다 손바닥의 표피 세포는 조금씩 떨어져 나간다. 목에 지나치게 꼭 맞는 흰색 셔츠를 하루 종일 입은 후 깃 안쪽을 보면 누렇게 변해 있을 것이다. 깃이 스칠 때마다 목 피부의 죽은 세포들이 떨어져 나와 묻은 것이다. 손톱도 손톱 줄로 다듬을 때 보이듯이 마찰에 의해 닳는다. 이도 닳을 수 있고, 다른 물리적인 힘이 가해지면 쪼개져서 손상을 입을 수도 있다. 그러나 이런 현상들은 노화와는 별반 상관이 없다. 표피나 손톱, 그리고 소화 기관이나 호흡 기관 등 여타 기관들의 내벽 조직은 닳으면 새롭게 교체된다. 자동차의 타이어도 닳는 것은 마찬가지지만 마모된 만큼이 타이어 내에서 생성된 새 고무로 교체되지는 않기 때문에 바퀴가 굴러가는 매초마다 고무의 양이 조금씩 줄어들게 된다.

나이 든 사람의 피부가 젊은이의 피부와 다른 것은 닳았기 때문이 아니라, 닳아 없어진 것을 교체하는 기능과 체온을 유지하고 상처를 치유하는 기능, 기타 건강함을 유지하는 데 필요한 온갖 기능들이 더 이상 효율적이지 못하기 때문이다. 나이 든 피부를 이루는 물질 역시 일시적으로만 존재하며 며칠 후, 길어야 몇 주 후면 없어진다. 이는 신경이나 혈액, 근육, 그리고 그 외 모든 조직에서도 마찬가지이다.

인공물인 기계보다는 촛불의 불꽃이 생명체에 대한 더 좋은 비유가 된다. 불꽃의 열기는 우선 초를 녹이고 녹은 초를 다시 증기로 기화시킨다. 증기는 불붙고 뜨거워져 눈에 보이는 광선을 내뿜는다. 뜨거운 증기는 훨씬 차가운 공기 속으로 빠르게 피어올라 연소를 끝낸 후 다시 식는다. 초의 증기는 섭씨 250도 이하에서는 눈에 보이지 않기 때문에 더 이상 불꽃의 일부분이라고 할 수 없다. 불꽃은 복잡한 구조로 되어 있는데 눈으로 보아 크게 몇 부분으로 구분할 수 있다. 타오르는 불꽃의 부분들은 제각각 증기의 연소 속도, 온도, 빛의 스펙트럼이 다르다. 불꽃을 이루는 물질들은 몇 밀리세컨드(1,000분의 1초.—옮긴이) 동안 존재했다가 사라져 버리고, 초와 공기를 소비함으로써 생산된 다른 물질들로 대체된다.

촛불의 비유도 한계는 있다. 왜냐하면 생명체는 불꽃보다 훨씬 더 복잡하고, 생명체가 물질을 섭취하고 방출하는 속도도 물질에 따라 대단히 다르기 때문이다. 물질대사가 활발한 근육이나 분비샘의 세포 안에 있는 탄소나 수소 원자는 몇 분 혹은 몇 시간 내에 몸의 다른 부분에 가 있을 것이고 몇 주 후면 영원히 몸 밖으로 나가 버릴 것이다. 치아만이 예외이다. 여러분이 지금 50세라면 치아의 칼슘 원자는 40년 전에 거기 처음 있던 그대로일 것이며, 90살까지 살아도 진짜 이가 남아 있기만 하다면 여전히 그 자리에 그대로 있을 것이다. 대부분의 인체 조직은 뼈조차도 수주나 수개월을 단위로 하여 꽤 빠른 속도로 구성 물질들이 교체된다.

그러므로 여러분은 세탁기나 자동차와는 다르며 어느 순간에 존재하는 물질로 정의할 수 없다. 여러분은 다양한 종류의 물질을 일시적으로 이용하는 복잡한 작용 체계이지 그 물질 자체가 아니다. 생명체는 물질 유동이 지속적으로 일어나는 하나의 체계로서 물질들은 여기에 유입된 후 제 역할을 다하면 배출된다. 인체는 초나 세탁기보다는 초의 불꽃이나 세탁기 물살의 소용돌이에 더 가깝다. 우리 몸은 닳음이나 낡음을 피할 수 없으나, 피부나 다른 조직의 세포들이 끊임없이 새로 대체되는 것과 같은 적응 방법이 진화되어 이런 과정을 보상해 준다.

성인들의 이는 어떻게 된 것일까? 이의 재생 능력은 제한되어 있으며 이 표면의 에나멜은 대체되지도 않는다. 이것은 거친 음식을 씹던 우리 조상들에게 심각한 문젯거리였다. 그들이 오늘날의 중년쯤에 해당하는 연령에 이르렀을 때는 어금니가 다 닳아서 잇몸까지 내려가고 씹는 능력도 심각하게 떨어졌을 것이다. 이런 마찰에 의한 마모는 손톱을 비롯한 다른 어느 부분에서도 마찬가지지만, 성인의 치아는 자연적으로 재생이 되지 않는다는 점에서 다르다.

인간의 이는 왜 재생이 안 될까? 코끼리는 대단히 거친 먹이를 섭취하는데도 오래 산다. 그들의 어금니는 닳으면 빠지고 새것이 다시 자라난다. 성체의 어금니는 일생 동안 많게는 6쌍까지도 나게 되어 있지만 거의 대부분의 코끼리가 6쌍이 다 나기도 전에 죽는다. 인간의 성장 프로그램은 석기 시대의 평균적인 식단에 맞추어져 있고 인간이 1벌보다 더 많은 치열을 필요로 할 정도로까지 오래 살지는 못할 것이라고 가정하고 있다. 이것은, 우리는 이가 다 닳아 없어지기 전에 죽도록 프로그램되어 있다는 뜻일까? 아니다. 죽음이란 프로그램되어 있는 것이 아니다. 나이가 듦에 따라 죽음의 확률이 점점 더 커지는 것뿐이다. 죽는다는 것은 우리가 행하는 어떤 무엇이 아니라 연령에 따라 다른 확률로 우리에게 일어나는 하나의 사건이다. 오늘날 이 확률은 인생의 어느 연령 단계에서나 인류 역사상의 그 어느 때보다도 감소해 정상 조건의 석기 시대에 비하면 훨씬 낮다.

노화란 무엇인가?

생명체에서는 물질의 흐름이 정확히 조절되어야 하는데, 그 정확성이 지속적으로 감소되어 가는 것이 노화이다. 몸에서 분자를 조절하는 것은 아마도 당구 게임에서 공을 제어하는 것에 비교될 수 있을 것이다. 큐로 큐볼을 칠 때 여러분은 큐볼이 8개의 공을 맞히고 다시 튀어 나와 게임에서 이길 수 있는 방향으로 움직여 가도록 큐를 잘 조절할 것이다. 충돌과 동시에 공의 움직임을 제어하는 정확성은 눈에 띄게 떨어지고 나의 비유도 더 이상 들어맞지 않게 된다. 만약에 당구공들이 이상적인 경로에서 벗어난 것을 알려 주는 감지 장치와 경로를 수정해 주는 장치를 지니고 있다면 우리 몸 안의 분자들과 꽤 비슷하게 작용한다고 볼 수 있을 것이다. 이런 자동 조절적인 피드백 고리가 게임이 진행됨에 따라 쇠퇴하게 되어 있다면, 더욱 인체에 가까워질 것이다.

여러분 인생의 출발은 큐로 큐볼을 때려 맞추어 게임을 시작하는 것과는 달랐다. 신체의 자동 조절 기구는 배 발생 초기에 작동을 시작했고 죽을 때까지 멈추지 않을 것이다. 무엇인가 조금이라도 잘못되기 시작하면 감지 장치가 문제를 인식하고 고장을 수리하는 기구에 명령을 내린다. 햇볕이 따갑게 내리쬐어 자외선에 의한 피부 손상이나 발열의 위험이 있으면 피부의 열 수용기가 이 사실을 뇌에 통고하고, 뇌는 근육을 자극하여 여러분을 나무 그늘 속으로 걸어 들어가게 한다. 표피 세포 자체도 문제를 인식하고 멜라닌 색소를 만드는 반응을 보이는데, 이것은 손상되기 쉬운 세포들을 그늘 속에 두는 또 다른 방법이다. 또 혈당량이 인체가 기능을 못 할 정도로 뚝 떨어지면 곧 감지되어, 피하 지방이나 간에 글리코겐 형태로 저장되어 있던 당을 분해하거나 여러분이 음식을 섭취하게 하는 등의 교정 조치가 취해진다. 우리 몸이 지닌 자동 조절 고리를 열거하자면 끝이 없는데, 나이가 들면서 이러한 내부의 조절 메커니즘들이 점차 부정확해진다. 그 결과 진화된 적응의 훼손이 누적된다. 그런 쇠퇴 과정의 희생자들은 몇 년 전처럼 빨리 달리지 못한다든지 눈이 그전처럼 잘 보이지 않는다든지 하는 식으로 나타나는 신체 기능의 감퇴를 서글픈 마음으로 받아들이게 된다. 머지않아 몸의 필수적인 체계마저 고장이 난다. 이것을 나이 듦에 의한 죽음이라고 보아야 할까?

아니다. 나이 듦 자체는 죽음의 원인이 될 수 없다. 누구든지 진화된 적응을 겨냥한 치명적인 도전을 받아 죽게 된다. 노화는 수많은 종류의 도전에 의한 죽음의 가능성을 높이는 역할을 할 뿐, 인식할 수 있는 죽음의 과정은 아니다. 85살의 노인은 70살에는 문제없었던 심장 기능이 저하되어 심장이 뇌가 필요로 하는 최소량의 산소도 공급해 주지 못해 죽음을 맞을 수 있다. 45살의 여자는 35살에는 쉽게 피할 수 있었던 산부인과적 합병증으로 죽을 수 있다. 35살의 남자나 여자는 10년 전처럼 몸이 빠르게 움직여지지 않아 나무 위로 도망쳐 오르는 것이

0.5초 늦어 사자한테 잡아먹힐 수 있다. 노화와 죽음의 관계는 바로 이런 식이다. 우리의 생명을 유지시켜 주는 적응이 비가역적으로 감소하기 때문에, 여러 원인들에 의한 죽음의 가능성이 나이가 들어 감에 따라 더욱 커지는 것이다. 죽음의 메커니즘이나 객관적으로 정의할 수 있는 수명 같은 것은 없다. 누구나 무엇인가에 의해 죽음을 당할 때까지 살 뿐이다.

인간의 성장과 쇠퇴에 대한 이런 해석은 물론 설명을 필요로 한다. 사람은 거의 존재하지 않는다고 해도 될 만큼 현미경적으로 작은 상태에서 출발해 20년 내에 신체적 · 정신적 · 번식적 능력이 거의 최고조에 달하게 된다. 젊음이 넘치는 성숙한 인간의 신체는 생물학자들이 이제 겨우 중요성을 인식하기 시작한 끝없이 복잡하고도 정확한 적응들의 집합이다. 그러나 이렇게 뛰어난 기구를 기적과도 같이 만들어 내고부터는, 있는 그대로 유지만 하는 것도 힘들어지게 된다. 젊음의 넘치는 능력과 활력은 그것을 쇠퇴시키는 힘에 서서히 굴복하게 된다. 계속 높아만 가는 죽음의 확률과 함께.

노화에 대한 진화론적 해석

현재 인정되고 있는 노화에 대한 진화 이론은 역사적으로 보통 '생존율(survivorship)'과 '번식값(reproductive value)'이라고 하는 2가지 생물학적 개념을 토대로 한다. 생존율이란 일정 연령까지 살아남은 신생아가 전체 인구에서 차지하는 장기간의 평균 비율이다. 오늘날과 같은 인간의 바탕이 형성되도록 최종 조절이 이루어진 수십만 년 동안, 일반적으로 영아의 절반 정도만이 성적으로 성숙한 단계인 약 15세에 도달했을 것이다. 그 비율과 성인의 사망률은 물론 개인차가 있었겠지만, 15세 이후 약 20여 년 동안 생존율은 연간 평균 96퍼센트 정도였을 것이다.

그 정도 사망률이면 아기들 중 23퍼센트는 35세까지 살아남을 수 있고 10퍼센트는 55세까지 살 수 있다는 계산이 나온다. 35세가 지나면 노화의 영향이 눈에 띄게 증가해서 원래 신생아의 10퍼센트에도 훨씬 못 미치는 수만이 55세까지 살아남을 것이다. 석기 시대에는 60세까지 생존한다는 것은 비현실적인 기대였다. 이런 식의 생존 스케줄이 오래 지속되면 60세 이후 인체의 적응도는 자연 선택에서 중요치 않게 된다.

진화의 또 다른 필수 요소인 '번식값'은 특정 연령의 개체에게서 기대되는 미래의 번식 능력이다. 석기 시대에는 신생아의 번식값이 상당히 낮았는데, 그것은 성숙기에 이르기 전에 죽을 확률이 높았기 때문이다. 사춘기에 가까워지면 번식을 개시할 가능성이 더욱 높아지기 때문에 번식에 대한 기대치가 올라간다. 사춘기에는 최고의 수태 가능 기간을 눈앞에 두고 있는데다가 전적으로 번식 활동에 매달리는 연령에 달했기 때문에 개체의 번식값은 정점에 달한다. 이후 얼마 동안은 정확히 말해 적당히 높은 '번식값'을 지닌 이들 개체들에 의해 대부분의 번식 활동이 이루어질 것이다. 이 연령은 분명히 낮은 '번식값'을 지닌 중년보다 자연 선택에서 훨씬 중요하다. 이론적으로 자연 선택은 생존율과 번식값의 영향을 똑같이 받으므로, 적응이 유지되는 효율은 간단히 이 두 값의 곱으로 나타낼 수 있다(어떤 특성이 적응적이라고 평가되거나 자연 선택되려면 그 특성을 가진 개체가 다른 개체보다 성공적으로 살아남아 자손을 더 많이 남겨야 한다. 즉 생존과 번식의 성공 둘 다 똑같이 중요하다.—옮긴이).

여러분이 석기 시대로 돌아가서 어떤 인류 개체군에다 다른 생활 조건은 변화시키지 않은 채 영원한 젊음을 주었다고 가정해 보자. 젊은이들은 연간 96퍼센트의 생존율을 가졌고 영원한 젊음을 부여받았기 때문에 이 생존율은 영원히 지속된다. 100세까지 생존해 있는 몇 명도 젊은이와 똑같이 팔팔하고 큰 적응도를 유지하고 있을 것이다(그러나 '연간' 생존율이 96퍼센트이므로 생존율은 번식값처럼 같은 값을 유지하지 않고 시간이 갈수록 매해 누적적으로 감소되는 곡선으로 나타난다.—옮긴이). 그림 7의 위쪽 그래프는 이 개체군의 생존율 곡선과 각 연령에서의 번식값을 보여 준다. 영원한 젊음이 높은 번식력을 지속적으로 보장해 주므로 번식값이 일단 정점에 이르면 영원히 그 점에 머물러 있을 것이다. 100세에서 미래에 기대되는 번식값은 15세에서와 동일하다. 개체군이 유지되기 위해서는 번식값은 최대 4이어야 한다. 둘 중 하나만 번식 활동 개시 연령까지 살아남으며(여기에서는 15세로 잡았다.), 하나의 태아를 생산하는 데 두 사람(남녀)이 필요하기 때문이다.

그림 7의 아래쪽 그래프는 노화로부터 해방된 개체군에서의 생존율과 번식값을 곱한 중요한 결과를 보여 준다. 이것은 수학적 편의를 위해 개체군의 크기가 일정하게 유지되며 사춘기에 이르는 즉시 번식 가능한 것으로 단순화시켰을 때에만 들어맞는다. 사춘기 전에는 번식값의 증가가 생존율의 감소로 정

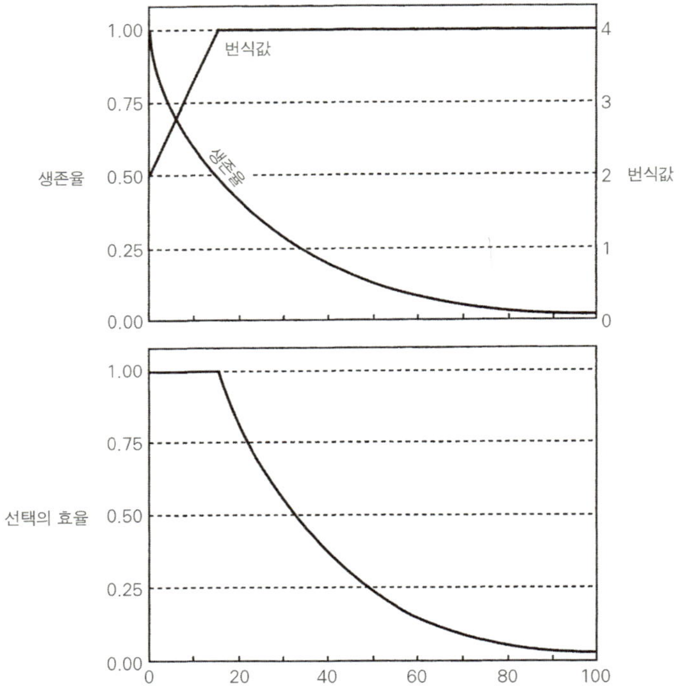

그림 7

위. 개체군의 크기가 일정하게 유지되고 성인의 연간 생존율이 96퍼센트이며 15세에 성적으로 성숙되는, 노화가 없는 개체군에서의 연령 분포에 따른 생존율과 번식값. 영원한 젊음을 유지하는 이 가상 개체군의 15세 청소년은, 우리가 정상 수명으로 여기는 70세 정도까지 살 확률이 우리보다 낮다. 그러나 100세 이상으로 살 확률은 우리보다 크다.

아래. 동일 개체군에서 연령에 따른 자연 선택의 효율(생존율과 번식값의 곱).

확히 상쇄되어 두 값의 곱은 같은 자리에 머무른다. 사춘기 이후의 번식값은 노화가 없으므로 일정하게 유지되지만 생존율과 두 값의 곱은 기하급수적으로 떨어진다.

가상의 석기 시대 인류 개체군에서 얻는 중요한 교훈은 이 개체군이 빠르게 영원한 젊음을 잃을 것이라는 점이다. 자연 선택은 항상 한 개체 일생의 유전적 성공을 감소시키는 유전자들을 부지런히 추려 없애고 이 중요한 값을 높이는 유전자들을 확산시킨다. 만약에 10대와 20대에서 한 개체의 번식 능력과 다른 기능을 2~3퍼센트 향상시키는 돌연변이가 일어났다고 가정해 보자. 하지만 이 돌연변이는 동시에 100세 때 간암에 걸릴 확률을 극도로 높인다. 개체군의 1/2은 적어도 이러한 혜택의 일부를 누리고, 1/4은 그 혜택을 전적으로 누리나 2퍼센트 이하의 사람들은 치명적인 대가를 지불할 것이다. 다시 말해 100세가 넘은 사람들의 적응도가 심하게 줄더라도, 평균적 이득이 평균적으로 치러야 할 대가를 초과할 것이다.

모든 유전적 변형의 가치는 이미 존재하는 것이건 새로 생겨난 것이건 간에 분명한 기준에 의해 평가된다. 즉 그것이 개체군 내에서 얼마나 많은 개체들에게 이익을 주는가 혹은 대가를 치르게 하는가 하는 것이다. 다양한 유전자에 대한 선택 과정은 노령에서의 적응을 희생해 젊어서의 적응을 선호하는 쪽으로 편향되게 일어난다. 노화가 진화되기 위해 반드시 초년에 이득이 있어야만 할 필요는 없다. 자연 선택이 인생의 후기보다 초기에 나타나는 좋지 않은 영향을 억제하는 데 더 효과적이기만 하다면 노년보다 초년에 유리한 적응이 더 효과적으로 유지될 것이다. 그러므로 영원한 젊음을 지닌 개체군은 혹시 정말로 생긴다 하더라도 불안정할 것이다. 자연 선택은 노년의 희생을 대가로 지불하고 젊음의 적응도를 빠르게 향상시킬 것이며, 그 결과 곧 다시 노화가 진화될 것이다.

적응을 유지시키는 진화 과정의 효율성이 생존율과 번식값에 의해 결정된다는 추상적인 개념이, 30대에 비해 40대에서는 유연성이나 번식 능력, 혹은 질병에 대한 저항력이 어떨 것이라고 예측하게 해 주는 간단하고 실측적인 법칙들을 내포하고 있지는 않다. 그러한 수치들은 측정되는 환경의 특성에 따라 달라지며 현재의 어느 개체군의 값은 석기 시대 개체군의 값과는 물론 상당히 다를 것이다.

여기에 복잡한 요인이 또 하나 추가된다. 예를 들어 자연 선택은 20세에서 높은 적응도를 유지하면서 노년의 적응도도 함께 증가시켜 주는 특성이 우연히 나타나면 그것을 선호할 것이다. 편리한 비유로, 여러분이 1년간 품질을 보증할 상품을 제조한다고 가정해 보자. 여러분에게 이 제품의 11개월 후의 질은 13개월 후의 질보다 훨씬 중요할 것이다. 그런데, 12개월 동안 틀림없이 고장이 나지 않을 제품을 만들다 보면 대개는 그보다 조금 더 오래 쓸 수 있는 것도 만들게 될 것이다. 1년 보증이라고 해서 그 제품들이 366일째 되는 날 모두 고장 나는 것은 아니다. 이와 마찬가지로 30세 때의 적응도를 그대로 유지하거나 적어도 그 감퇴 속도를 늦추는 데에 작용한 석기 시대의 자연선택이, 오늘날의 온화한 환경에서 60세에도 건강하게 살 수 있도록 해 주었다. 그러나 60세 된 사람에게서 너무 많은 것을 기대할 수는 없다. 그들은 예전만큼 민첩하지도 번식 능력이 좋지도 않으며 젊어서처럼 호지킨 육종(Hodgkin's sarcoma, 림프샘이 비대해지는 병.—옮긴이)이나 다른 암 종류를 능히 피할 수도 없다. 그러므로 그들의 사망률은 높을 것으로 예측되고, 실제로도 그렇다. 현대 사회에서의 60세 사망률은 과거의 기준으로 보면 꿈 같은 수치지만, 30세 사망률의 10배에 해당하며 계속해서 그보다 더 증가할 것이다. 예를 들어 100세가 된 사람의 3분의 1은 101세를 넘기지 못하고 사망한다.

노화란 성숙 이후 서서히 적응력이 떨어지는 현상이므로 피할 수 없는 인간 본성의 하나이다. 노화는 사망의 가능성을 점점 더 높여 가지만 정상적인 사망 연령이 있다는 뜻은 아니다. 인간 종에 고유한 수명이나 프로그램된 '자연적 사망'은 없다. 연령 분포에 따른 사망률은 진화된 노화 속도와 살아가는 환경의 혹독함 사이의 상호 연관에 의해 결정된다. 인간을 비롯해 모든 생물의 최대 수명은 이 2가지 조건의 상호 작용과 관찰 표본의 크기에 의해 결정된다. 표본 크기가 100만 명일 때 최대 수명은 1,000명짜리 표본보다 좀 더 높을 것이다. 10억을 표본으로 하면 최대 수명은 더욱 높아진다(1,000명의 집단에서보다 10억 명의 집단에서 150세까지 산 사람이 나올 가능성이 더 크기 때문이다.—옮긴이).

노화에 대한 연구는 그동안 보험 회계사나 죽음의 문제에 천착하는 사람들 사이에서만 관심을 끌어 왔다. 올바른 노화 연구 방법은 각 개인들의 생체 기능 중에서 측정 가능한 면들을 지속적으로 추적하는 것이다. 사망이란 수집해야 할 데이터가 아니라 데이터 수집이 끝나게 되는 사건이다. 사망률은 노화의 척도로 잘못 사용되기 쉽다. 사망률은 한 개인이나 특정 집단을 대상으로 연구할 수 있는 것이 아니기 때문에 노화의 척도가 될 수 없다. 예를 들어, 80세 노인 1,000명 집단의 사망률을 측정한다고 할 때 이 집단의 90세 사망률은 측정할 수 없다. 왜냐하면 10년 후에는 이 집단의 많은 개체들이 사망하고 없을 것이기 때문이다. 살아남은 90세 노인의 사망률은 원래 집단이 90세가 되었을 때의 사망률이라고 할 수 없다. 지금 90세인 사람들은 분명히 80세가 된 후 10년 동안 살면서 겪어야 할 일들을 거쳤다. 그러나 지금 80세가 된 사람이 그런 일을 경험할 것이라는 보장은 없다. 보험 회계사의 통계 수치를 이용해 노화를 측정하고자 할 때 원인을 알 수 없는 심각한 편차가 나타나는 이유는 바로, 가장 생존력이 약한 개체들이 끊임없이 제거되어 나간다는 사실을 고려하지 않았기 때문이다. 사망률은 노화를 진화시키는 중요한 원인 중 하나이며, 또한 진화된 노화 속도의 영향을 받는다. 사망률은 노화의 속도를 측정하는 척도로서는 부적합하다.

인체의 지혜와 어리석음

19세기 초에 서로 상반되는 제목을 가진 영향력 있는 책 2권이 발행되었다. 월터 브래드퍼드 캐넌(Walter Bradford Cannon, 1871~1945년)이 지은 『인체의 지혜(*The Wisdom of the Body*)』(1932년)와 조지 호벤 에스터브룩스(George Hoben Estabrooks, 1885~1973년)가 쓴 『인간, 기계적 부적응자(*Man, The Mechanical Misfit*)』(1941년)이다. 둘 다 제목이 내용을 잘 함축하고 있으며 중요한 점을 지적하고 있다. '지혜'는 인체가 보여 주는 더할 나위 없이 세련된 적응, 특히 탁월한 자동 조절 시스템 속에 담겨 있다. 내가 이 책의 앞부분에서 강조했던 캐논이 설명하는 현상이 바로 그것이다. 에스터브룩스는 그와는 반대로 우리 인체 구조의 결함들을 찾아냈는데, 대부분은 직립 자세와 두 발로 걷는 장치의 기계적인 불완전성과 관련되어 있다. 인간은 땅과 수평을 이루며 네 발로 걷는 동물에서 땅에 수직으로 서서 두 발로 걷는 동물로 급히 개조되었다는 것이다. 그는 또한 석기 시대의 생활 양식에 맞게 고안된 동물이 현대 사회에서는 적합하지 않을 수 있다는 점을 강조했다.

이 장은 에스터브룩스의 해석에 입각해 있으며 그 주요한 예로 노화를 다루고 있다. 노화가 생물학적 적응의 타협 과정에서 생겨난 것은 사실이나, 인간의 입장에서 적응력의 점차적인 쇠퇴를 지혜라고 말하기는 어렵다. 80세 노인은 분명 젊은 개체에게 막대한 우선권을 준 진화가 만들어 낸 부적응자이다. 안타깝게도 인간적 가치에 반하여 작동하는 인간 특성의 예는 노화와 6장에서 예시된 생물학적 대립이 전부가 아니다. 인체에는 기능 장애적인 기본 설계의 결함이 수없이 많다. 여기에서 '기본'의 의미는, 이런 결함들이 단순히 두 발로 걸어다니기 위한 작은 기계적 조율에서 비롯된 것이 아니라 모든 척추동물, 아니면 적어도 모든 포유류가 공유하는 것이라는 뜻이다. 심각한 의학적 문제의 원인이 되고 있는 다른 예들은 8장에서 언급할 것이다. 여기에서는 질병이라고까지 할 것은 없으나 불편을 야기하는 인체의 불행한 기능적 한계에 초점을 맞춘다.

그런 문제점들은 전문 용어로 '계통 발생적 한계(phylogenetic constraint)'라고 한다. 진화란 결코 처음부터 다시 만들어 내는 것이 아니다. 진화는 무엇이든지 거기 있는 것에서 시작하여 당장의 이득을 주는 작은 변형은 남겨 두고 해가 될 만한 것은 제거해 가는 과정이다. 인간의 해부학적 특성 중 많은 것은 근래의 쓸모 있는 무엇으로부터 생겨난 것이 아니라 척추동물의 초창기 역사에서 일어난 적응적 변화로부터 비롯되었다. 이 변형들 중 일부는 오늘날 인간을 비롯한 모든 척추동물에게 기능적 제약이 되고 있으며 대부분은 맨 처음 좌우 대칭이 확립된 시기에 생겨났다. 척추동물과 대부분의 다세포 생물들은 해부학적으로 앞과 뒤, 등과 배, 좌우가 있는 구조를 갖고 있다. 신체 기관의 해부학적 위치는 중앙에 한 줄로 늘어서든가 왼쪽과 오른쪽에 하나씩 한 쌍이어야 한다는 뜻이다.

가장 알기 쉬운 예로 우리는 하나의 흉골과 2개의 쇄골을 가지고 있다. 중앙에 정렬한 구조들, 예를 들면 흉골이나 흉골을 구성하는 각각의 조각들은 종에 따라 여러 번 반복될 수 있다. 12개에서 수백 개에 이르기도 하는 척추가 좋은 예이다. 쌍을 이룬 기관은 당연히 짝수로 제한된다. 우리는 2개의 눈, 4개의 사지, 10개의 손가락, 24개의 늑골(갈비뼈, 12쌍)를 지니고 있다. 손가락 수나 특히 늑골의 수는 진화 과정에서 변화될 수 있는데, 특히 이들처럼 적당히 수가 많은 신체 부분에서 변형이 잘 일어난다. 손가락 하나나 늑골 한 쌍쯤은 더 있더라도 발생에 별 피해를 주지 않기 때문일 것이다. 손가락이나 늑골 크기의 감소와 같은 점진적인 변화는 더 진화되기 쉬우며, 차츰 작아지다가 언젠가는 아예 없어질 수도 있을 것이다.

그런데 어떤 척추동물의 생활 조건에서 6개의 팔다리가 최적의 숫자라고 가정해 보자. 딱하게도 4개의 팔다리를 가진 동물이 발생 과정에서 약간의 변형을 통하여 한 쌍의 팔다리를 더 진화시킬 수 있는 방법은 없다. 물론 개체 발생에서 큰 변형이 일어나는 수도 있다. 머리가 2개 달린 태아가 사람이나 양, 그 외 척추동물에서 종종 태어난다. 이런 종류의 큰 변화는 워낙 파괴적이라 대개 출생 즉시 개체를 사망시킨다. 그래도 만약 어떤 돌연변이가 큰 변화를 일으켜서 어깨와 앞다리 구조를 복사하여 6개의 다리를 가진 동물을 만들어 내고 그 변이체가 기적적으로 성체가 되어 생존한다면, 그 돌연변이체가 성공적으로 살아갈 수 있는 확률은 얼마나 될까? 4개의 팔다리로 사는 생활양식을 가진 동물 떼와 경쟁해 나갈 수 있을까? 성공적으로 짝짓기 상대를 구할 수 있을까? 짝짓기에 성공했다 하더라도 6개라는 다리 조건을, 부계와 모계 양쪽에서 유전자를 받는 자손에게 기능할 수 있는 형태로 전달해 줄 수 있을까? 물론 이 모든 질문에 대한 답은 하나같이 부정적이다.

그래도 육상 척추동물의 다리가 모두 2쌍인 것을 보면(대부분의 물고기는 쌍으로 된 지느러미 2벌을 갖고 있다.) 2쌍을 갖는 것이 기능적으로 선호될 만한 이유가 있을 것이라 생각할 수도 있다. 그러나 천만에 말씀이다. 기본 신체 구조에서 기능적으로 더 유익한지 아닌지는 어떤 형태가 보존되거나 제거되는 이유가 되지 않는다. 우리가 2쌍의 팔다리를 가지고 있는 것은 기능적으로 그것이 가장 낫기 때문이 아니라 순전히 역사적인 이유에서이다. 폐어류(lungfish)가 처음 물 밖으로 진흙을 밀치면서 기어나올 때 사용한 부속지(appendage)가 2쌍이었기 때문에 그 후손들은 아직도 2쌍의 사지를 갖고 있는 것이다. 좋든 나쁘든 그것은 그 후손들이 지니고 살아야 할 조건이 되었고 후손들이 할 수 있는 일은 갖고 있는 것을 최대한 활용하는 것뿐이다.

그런데 4개의 팔다리만 가진 것은 정말로 심각한 장애가 될까? 명화에 천사를 그린 화가들은 분명히 그렇게 생각했던 것 같다. 천사들은 사람과 같은 팔다리 외에 새와 같은 큰 날개를 가진 것으로 그려진다. 천사를 팔다리가 6개 달린 척추동물로 제안한 이유는 천사가 교황의 대사 역할을 제대로 해내려면 손과 발만으로는 충분치 못하다고 생각했기 때문이다. 그에 반해 새들은 날개를 진화시키는 과정에서 자신들의 진화적 미래를 극도로 제한시켰다. 새들은 앞다리를 나는 데 사용하는 대신 다시는 지상이나 하늘에서의 이동이나 조작에 이용할 수 없게 되었다. 그래서 매나 올빼미는 먹잇감을 잡을 때 뒷발을 써야 한다.

새의 날개는 일단 날개로 진화되자 더 이상 다른 것으로 진화되지 않았다. 비행 외의 다른 목적을 위한 변형도, 계속된 변형으로 나는 능력을 상실하고 대신 상당히 발달된 정도의 새로운 기능을 수행하게 되는 일도 일어나지 않았다. 펭귄의 날개를 이런 예로 들 수도 있으나, 날개로 하는 수영은 물리적 측면에서 공기 대신 물속에서 나는 것이라고 할 수 있다. 어떤 새들은 자신들이 채택한 생활 양식으로 인해 비상 능력을 차츰 잃어버렸는데 이 경우는 예외 없이 날개가 축소되거나 거의 없어졌다. 키위는 이렇게 네발 달린 척추동물 조상으로부터 서서히 진화된 두 발 달린 척추동물이다.

이런 식의 논리로 본다면 곤충이 척추동물보다 진화적으로 더 큰 이점을 갖고 있다고 말할 수 있다. 곤충은 보통 6개의 다리와 4개의 날개를 가지고 있다. 진화는 곤충의 날개와 다리를 이동을 위한 부속지 이상의 것으로 변형시킬 수 있고, 또 많은 경우 그렇게 해 왔다. 사마귀는 자신의 앞다리를 먹잇감을 낚아채는 특수한 무기로 사용하지만 다른 두 쌍의 다리는 아직도 대체로 걷는 목적에 쓴다. 딱정벌레는 첫 번째 날개 쌍을 보호용 갑옷으로 변환시켰으나 두 번째 날개 쌍으로는 아직도 꽤 잘 날 수 있다.

기관의 수에 있어서 인간이 가지고 있는 불행한 제약은 한 쌍의 시각 기관과 청각 기관에서 가장 뚜렷하게 나타난다. 눈이 2개보다 많으면 시각 기능 면에서 더욱 효율적이지 않을까? 물론 2개의 눈이 하나보다는 더 나으며, 우리 인간처럼 두 눈이 같은 방향을 향해 있는 경우 입체적 시각을 가지며 사물들이 평평하지 않고 심도 있는 것으로 보여 사물을 더 정확하게 파악할 수 있다. 토끼를 비롯한 많은 동물들은 이런 장점을 포기하고 거의가 두 눈을 머리의 양 옆으로 배치했다. 이런 눈은 여러 각도에서 다가오는 포식자를 보게 해 주지만 3차원으로 된 거리 감각 정보를 주지는 못한다.

우리가 지금 갖고 있는 2개의 눈 외에 뒤에서 누가 살금살금 다가오고 있음을 알려 주는 또 하나의 눈이 있다면 어떨까?

아마 백미러 없이도 운전할 수 있을 것이다. 눈이 6개라면 머리 위를 포함한 모든 방향으로 한번에 정확한 입체적 시각을 가질 수 있을 것이다. 뉴턴의 눈이 6개였다면 머리 위로 떨어지는 사과에서 재빨리 몸을 피해 후세에 '중력'이 아니라 '가벼운 행동'에 대한 무엇인가를 남겼을 것이다. 지속적으로 모든 방향에서 들어오는 완벽한 시각적 정보는 우리 생활을 몰라보게 풍족하게 만들고 안전과 복지에 여러 면으로 크게 기여했을 것이다. 하지만 유감스럽게도 우리는 2개의 눈으로 살아야 할 운명이다.

귀도 마찬가지이다. 귀도 1개보다는 2개가 더 나은데, 그래야 소리가 들려오는 방향을 알 수 있기 때문이다. 이것은 양쪽 귀에서 감지하는 소리의 크기와 위상의 차이를 비교함으로써 가능하다. 그러나 음이 발생하는 장소의 방향을 감지하는 것은 수평으로만 가능하다. 우리의 귀는 어떤 소리가 왼쪽에서 들려오는지 오른쪽에서 들려오는지는 쉽게 구분할 수 있으나 위에서 오는지 아래에서 오는지는 확실히 알 수 없다. 감각 기관의 생리를 연구하는 학자들은 인간이 수직적인 구별을 전혀 하지 못하는 것에 대해 사실 꽤 의아해 하고 있다. 우리는 외이 속의 복잡한 주름에 반사되는 메아리 패턴의 차이와 땅이나 가까이 있는 물체에 부딪쳐 오는 반사음의 차이를 이용하여 음원의 수직적 방향에 대한 정보를 얻는 기술을 습득할 수밖에 없다.

음원까지의 거리를 감지하는 능력은 더 떨어진다. 우리 귀에 도달하기까지 먼 거리를 오는 동안 음은 작아질 뿐 아니라 높은 음조 부분을 잃어버리는 경향이 있기 때문에 음색도 약간 달라지게 된다. 이러한 효과에 의해 100미터 떨어진 곳에서 나는 자동차 경적 소리와 1킬로미터 떨어진 곳에서 나는 경적 소리는 다르게 들려 간접적으로 어느 정도 거리를 감지할 수 있지만, 1미터와 2미터 떨어진 곳에서 들리는 사람 목소리의 차이는 인간의 귀로 거의 구별할 수 없다.

이런 모든 제약은 우리가 귀를 더 갖게 되면 사라질 것이다. 머리 위에 귀가 하나 더 있다면 음원의 수직 방향에 대한 정보를 수평 방향만큼 정확하게 감지하게 될 것이다. 3개의 귀는 단거리 내에서의 거리 감각도 더욱 정확하게 만들어 줄 수 있다. 음파의 마루와 골이 도착하는 시간은 음파 형태의 영향을 받기 때문에 이러한 시간의 차이가 음의 방향뿐만 아니라 음원까지의 거리도 알려 준다. 그림 8은 이등변 삼각형의 꼭짓점에 위치한 3개의 귀가 같은 방향에서 오는 소리들이 귀에 도착하는

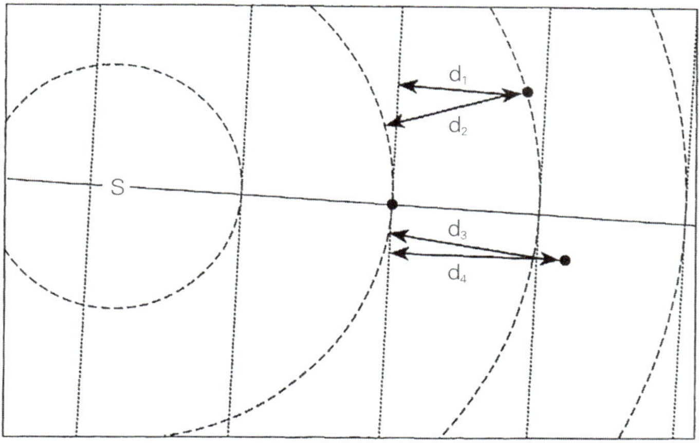

그림 8

귀가 •로 표시된 점에 위치해 있다고 하자. 가는 수직선은 왼쪽의 워낙 멀리 떨어진 곳에서 발생되어 파동 곡선이 거의 없어진 음파의 정점이 압축된 위치를 나타낸다. 점선으로 표시된 원들은 S라는 음원에서 발생한 음파를 표시하는데, 세 귀가 위치한 곳에서 두드러진 굴곡을 보인다. 원과 직선 음파의 차이가, 가까운 곳과 더 멀리 떨어진 곳에 있는 귀의 지각 간에 지연 시간(d에 정비례)을 다르게 한다. 이 지연 시간의 차이를 음원까지의 거리로 해석할 수 있다.

시간을 비교함으로써 음원까지의 거리를 결정하는 원리를 보여준다.

그러므로 인간은 음을 처리하는 능력에서 본질적으로 계통발생학적 제약을 갖고 있다. 이를 극복할 방도는 없을까? 거리와 수직 방향을 분간하도록 우리를 구제할 기술적인 방법은 없는 것일까? 음원이 있는 곳과의 수평 방향의 각도를 알려 주는, 우리 뇌의 프로그램같이 고도로 정밀한 어떤 것을 찾는다면, 아마 없을 것이다. 그러나 음의 사용에 있어 다른 종류의 진보는 기대해 볼 만하다. 보청기 제작자들은 마이크로폰과 스피커의 극소형화를 이루었고 원하는 음을 선택적으로 증폭시킬 수 있는 기적 같은 기술을 발달시켰다. 그런데 전혀 이해가 안 되는 것은, 귓속에 끼는 2개의 보청기에 장착하는 마이크로폰을 2개 외에 더 많이 사용할 가능성을 완전히 배제해 왔다는 점이다. 그림 8에서 보는 기막힌 원리를 응용할 생각을 미처 못 한 것이다.

그것으로 무엇을 할 수 있을까? 바로 마술과도 같은 일이 가능해진다. 여러분이 얼핏 보기에 평범한 보청기와 또 다른 하나의 장치를 은밀히 달고 시끌벅적한 술집에 앉아 있다고 생각해 보자. 두 귓속뿐 아니라 안경의 코걸이에도 마이크로폰이 숨겨져 있다. 이 3개의 감지기들은 그림 8에서 보는 것과 별로 다르지 않은 세 점에 위치해 있다. 더 이상적으로는 네 번째 마이크로폰을 옷깃 밑에 하나 더 두어 다른 3개와 4면체를 이루게 하면 3차원적으로 들을 수 있을 것이다. 이 감지기들로부터 오는 음향 정보는 전선을 타고 윗옷 주머니 속의 컴퓨터로 전달된다. 여러분은 그 컴퓨터를 적절히 조작해 컴퓨터에게, "3~5미터 반경 내에서 들리는 모든 소리와 바로 오른쪽 외의 모든 방향에서 오는 소리를 완전히 죽여라. 오른쪽의 중간 정도 거리에서 오는 소리는 증폭시켜라."라고 명령할 수 있다. 테이블 맞은편에 있는 사람이 큰소리로 장황하게 여러분을 환대하고 있지만 이제 그 목소리는 희미한 중얼거림으로만 들릴 뿐이다. 앞사람의 말을 듣는 척하면서 사실 여러분은 오른쪽으로 4미터 떨어진 테이블에 앉은 사람들 사이에 오가는 재미난 스캔들을 엿듣고 있다.

보청기 제작자들에게 무상으로 이런 조언을 한마디 해 주고 싶다. "표준 청력 이하의 사람들을 돕기 위해 계속 노력하되, 할 일이 훨씬 더 많이 남아 있다는 것을 잊지 마시오. (그 유감스러운 2개의 귀라는 기준으로 보아) 청력에 문제가 없다고 생각하는 사람들을 위해서도 최신 기술을 이용하시오. 방향과 거리를 마음대로 선택해서 들을 수 있도록 해 주는 여러 개의 감지기와 데이터 처리기를 만들어 주시오." 자연은 우리의 귀를 2개로 한정시켜 버리면서 청각이 줄 수 있는 많은 혜택을 박탈해 갔지만, 영화 「아프리카의 여왕(The African Queen)」(1951년)에서 캐서린 햅번(Katharine Hepburn)은 험프리 보가트(Humphrey Bogart)에게 이렇게 말한다. "앨넛 씨, 자연은 우리가 딛고 일어서도록 되어 있는 것입니다(Nature, Mr. Alnutt, is what we were put here to rise above.)".

8

적응주의의 의학적 의미

현대 사회에서 사고로 일찍 사망하지 않은 운 좋은 사람들이 겪는 가장 심각한 질병은 노령에서 오는 퇴행성 증상들과 의료비가 특히 비싸고 대체로 치명적인 암, 그리고 심장 혈관 손상이다. 그 외에도 (오늘날에는) 그렇게 치명적이지는 않지만 크나큰 괴로움과 의료비 부담을 주는 관절염, 골다공증, 성기능 장애, 시력 및 청력 감퇴와 같은 노령의 고통들이 수없이 많다. 노인병 문제가 오늘날 이렇게 커진 이유는 우리가 향유하고 있는 청년기와 중년기의 비정상적으로 낮은 사망률 때문이다. 노년의 고통은 유년기나 성년기에 사자나 폐렴균에 의해 죽음을 당하지 않은 데 대하여 치르는 대가인 셈이다.

왜 우리는 대체로 그렇게 건강한가?

7장에서 언급한 캐넌의 고전 『인체의 지혜』는 우리 몸의 작동이 뛰어나게 설계된 적응의 한 세트를 나타낸다고 제안한다. '지혜'는 그 설계 자체에만 있는 것이 아니라, 오히려 자칫 일어날 수 있는 해로운 변화를 방지하는 기구에 더 많이 들어 있다. 우리 몸의 조직은 pH를 산성으로 낮출 수 있는 새콤하게 절인 청어나 신 과일을 주로 먹고 살든지, pH를 (알칼리성으로—옮긴이) 높이는 고농도 칼슘 성분의 음식을 주로 섭취하든지 간에 항상 중성을 유지하고 있다. 체온 역시 더운 날 햇볕 속에서 일하건 눈보라를 헤치고 나아가건 섭씨 37도 정도를 유지하고 있다.

인이나 황 같은 단순 무기 이온이나 혈장 단백질, 호르몬과 같은 복합 유기 물질의 농도도 몸 안에서 일정한 수준으로 유지되고 있다. 이러한 '지혜'는 온도나 프로락틴(prolactin) 호르몬 농도와 같이 중요한 수치들을 감지하는 기구와 이들로부터 신호를 받아 물질의 농도를 높히거나 낮추는 기구, 주로 이 2가지의 조절로 이루어진다. 이 조절 체계에서 일어나는 미세한 결함도 우리 몸의 정량적인 변수들을 최적 조건에서 벗어나게 하여 건강에 심각한 영향을 미칠 수 있다. 생명의 유지는 그야말로 숙련된 기구에 의한 정교한 작동을 필요로 한다.

신체 설계의 결함으로 인한 병

애석하게도 우리 몸의 지혜에 대한 이야기만 있는 것은 아니다. 우리는 우리 몸의 감탄할 만한 재주뿐 아니라 이성적인 계획에 의한 것이라기보다는 자연 선택의 결과로 생긴 우리 몸의 엉성함에 대해서도 주의를 기울여야 한다. 7장에서 언급했듯이 인간이 겪고 있는 이런 종류의 기능 장애 중 일부는 모든 척추동물, 혹은 모든 포유류가 함께 겪는 것들이다. 그 외의 결함들은 인간만의, 혹은 사회 경제적으로 현대화된 사회에 미처 적응하지 못한 현대인들만의 불행이다. 7장에서는 심각한 의학적 문제라기보다는 눈이 2개, 귀가 2개인 것과 같이 사소한 장애나 불편이라고 생각되는 것들을(물론 분만의 고통과 어려움은 사소한 불편 이상이라고 볼 수 있지만) 다루었다. 이 장에서는 우리를 심각한 의학적 문제들에 봉착시킨 진화의 유산에 대하여 이야기하고, 기존의 접근법과는 다른 각도의 다윈주의적 통찰로 의학적 문제들을 살펴보겠다.

우리는 사실 머리부터 발끝까지 기능 장애적인 설계로 시달리고 있다. 잘못된 설계는 진화적 변화의 결과물로 그것이 처음 생겨났을 때, 즉 척추동물이나 포유류 진화의 초기 단계에는 꽤 적응적이었는지도 모른다. 예를 들어 음식이 목에 걸려 질식사할 가능성은 먼 옛날 아주 작은 수생(水生) 생물 조상이 발명해 낸 호흡기에 이미 내재되어 있었다. 처음에 그 조상은 입으로 물을 마셔 소화 기관 앞부분의 먹이를 거르는 망을 통해 밖으로 내보내는 방식으로 양분을 섭취했다. 이 조상의 초기 형태는 워낙 작아서 조직과 조직 주변의 물 사이에서 일어나는 산소의 수동적 확산(passive diffusion)으로 호흡의 필요를 충족시켰을 것이다(여기에서 말하는 호흡은 폐 호흡이 아니라 세포 호흡이다.—옮긴이). 그런데 몸집이 크게 진화하면서 이들 중에서 먹이 거름망(sieve)의 전체 혹은 일부를 기체 교환(수용성 산소와 이산화탄소의 교환.—옮긴이)에 활용하는 개체들도 생겨났을 것이다.

이런 식의 호흡기는 지금도 척추동물과 가장 가까운 무척추동물 친척들에서 발견된다(그림 9의 위). 모든 척추동물은 소화계와 호흡계가 결합해 있는 원래의 설계를 그대로 물려받았다.

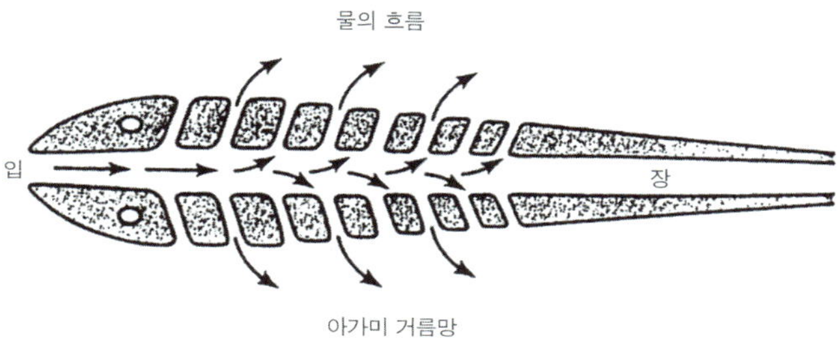

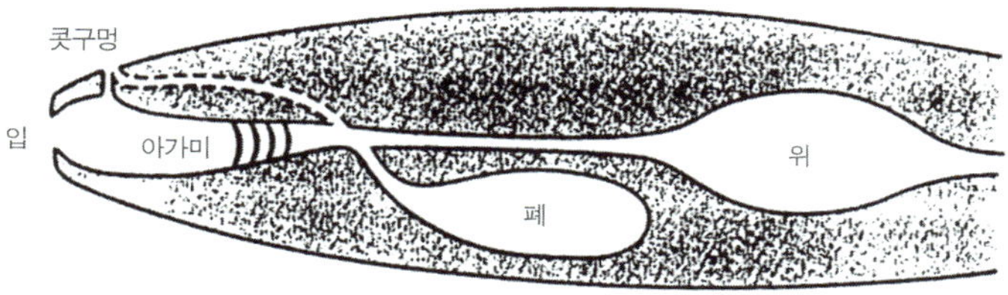

그림 9

위. 현미경적으로 작은, 지렁이와 같은 단계의 척추동물을 위에서 조직을 통과해 본 그림. 호흡은 동물과 동물이 살고 있는 물 사이에서 물속에 녹아 있는 기체의 수동적 확산으로 적절히 이루어졌다. 몸집이 커져 호흡 체계가 필요하게 되자 인두 부분에 있는 먹이 거름망에 물을 흐르게 하여 먹이 섭취와 호흡의 필요를 모두 충족시켰다.

아래. 폐어류 단계의 인간 조상을 몸 가운데를 지나도록 수직으로 갈라 본 모습. 콧구멍과 기관지 사이를 이은 점선은 포유류 계통의 진화에서처럼 공통의 통로가 인두에서 교차되는 진화적 제약을 보여 준다.

그러므로 물고기에서 포유류에 이르기까지 모든 척추동물은 음식이 목에 걸려 질식할 위험을 안고 살아가게 되었다. 과식이나 과속 운전에 비하면 사소한 의학적 사고라 하겠지만 그래도 이 문제는 매년 수천 명의 목숨을 앗아 가고 있다. 나머지 수천 명은 하임리크 구명법(Heimlich maneuver, 목에 이물질이 걸린 사람을 뒤에서 안고 흉골 밑을 세게 밀어 올려 토하게 하는 방법.—옮긴이)이라는 응급처치로 겨우 목숨을 건진다.

우리의 진화에서 폐어류 단계에 이르자(그림 9의 아래), 주둥이 위쪽에 알맞게 콧구멍이 생겨 수면에서 공기를 입 안으로 빨아들이게 되었다. 입 안으로 들어온 공기는 아가미를 지나 인두 아래쪽의 폐로 연결돼 있는 한 쌍의 통로로 들어갔다. 포유류로 진화하는 동물 계통에서 한 쌍의 통로는 합류되어 하나의 기관이 되었다가 다시 각각의 폐로 이어지는 기관지로 갈리는 불행이 왔다. 이러한 변화는 초기에는 적응적이었을지 모르지만 공기 통로와 소화계가 어느 경우에나 항상 교차되게 만들어 버렸다. 이런 식의 진화 노선에서 콧구멍과 소화계의 연결부는 서서히 목구멍 안쪽으로 내려가 폐로 들어가는 입구 직전까지 갔다. 이것은 소화계와 호흡계가 교차되는 데 따르는 교통 혼잡을 거의 해결해 주는, 기능 면에서 효과적인 배치이다. 대부분의 포유류는 공기 통로가 음식 통로 위로 다리 형태를 이루며 지나가 어렵지 않게 삼키고 숨쉴 수 있다.

인간은 이 부분에서 일반 포유류의 기준에도 못 미친다. 인간은 언어 사용 능력이 진화함에 따라 이곳에서 타협이 일어나야만 했다. 갓난아이는 호흡에 지장을 받지 않으나, 자라서 복잡한 옹알이를 하는 시기가 되면 음식물을 삼키면서 호흡하려 할 때 종종 입속의 음식물을 튀기면서 기침을 한다. 아이는 곧 어른들처럼 음식물에 의한 질식사의 위험에 노출된다.

두 체계가 터무니없이 연결되어 있어 의학적 문제가 생기는 또 다른 경우는 생식계와 배설계이다. 초기의 척추동물 조상은 수동적 확산에 의해 호흡할 때 노폐물이 배설될 정도로 몸집이 작았다. 몸이 크게 진화하면서(혹은 바다를 떠나 담수로 나아가게 되면서) 배설계의 필요성이 대두되었다. 그들은 과다하게 삼킨 물과 대사 노폐물을 체외로 배설해야만 하는 새로운 필요에 대해 새로운 관을 하나 더 진화시키는 대신 알이나 정자를 체외로 배출할 때 사용하는 기존의 관을 그대로 활용하는 편을 택했다. 처음에는 그것으로 충분했을 것이다. 담수 동물의 오줌은 거의 물이어서 독성 노폐물이 충분히 희석되기 때문에 생식에 방해가 되지 않는다. 그러나 포유류 암컷의 생식 기관을 살펴보자. 원시 척추동물에서의 배치 그대로라면 신장이 수란관을 통해 오줌을 내보내야 하므로 오줌은 자궁 속을 지나 질을 통해 흘러나가게 될 것이다. 이것은 스스로도 배설 문제를 갖고 있는 태아가 모체의 오줌 속에 잠겨 있게 되는 별로 건강하지 못한 구조이다.

어류에서 포유류로 진화하는 과정에서 이 문제는 생식과 배설 두 체계의 연결부가 점점 뒤로 이동함으로써 해결되었다. 오늘날 대부분의 포유류에서 요도는 질의 끝부분에 오줌을 배출하는데 이러한 배설은 생식 활동에 아무런 문제를 일으키지 않는다. 인간과 가장 가까운 유인원과 인간에서는 두 체계 사이의 연결이 없어지고 요도 출구가 질 밖으로 옮겨 갔다. 두 체계는 지금은 완전히 분리되어 있어 두 출구가 서로 근접해 있다는 사실만이 분리가 최근에 일어났음을 짐작하게 해 준다.

호흡계와 소화계가 목구멍에서 교차되는 교통 혼잡 문제를 최소화하는 것과 배설계와 암컷 생식계의 혼선을 최소화하는 문제의 차이점에 주목해 보자. 배설계와 생식계가 해야 할 일은 오로지 체외로 통하는 것이다. 공동으로 사용하는 통로가 점점 짧아져 아예 없어져 버리지 말란 법은 없다. 아마 배설에 생식계의 끝부분 90퍼센트를 사용하는 단계가 한때 있었을 것이다. 수백만 년이 지나면서 끝부분 80퍼센트만을 쓰게 되었을 것이다. 그런 상황과 구조에서 공동으로 사용하는 통로가 궁극적으로 제거되는 것을 막을 무엇은 전혀 없었다. 그에 반해 콧구멍에서 시작된 통로는 일단 호흡 기관 입구의 끝에 닿은 다음에는 (그림 9 참조) 계속 변화를 더 주어도 그 이상 성취될 것이 아무것도 없었다.

포유류 수컷은 생식계와 배설계를 분리하는 데 있어 암컷보다 훨씬 뒤떨어졌다. 하복부 안쪽에서 나와 음경으로 들어가는 요도는 배설과 생식 2가지 기능을 다 한다. 정액은 오줌 잔여물이 아직 남아 있을 수도 있는 통로를 거쳐 가야 한다. 약간의 오염으로 문제가 일어날 것이라 생각되지는 않지만 그렇다 하더라도 이런 배치는 비논리적이다. 현재로서는 생식계와 배설계의 상호 연관에서 어떠한 적응적 이유도 찾을 수 없다.

오히려 이러한 연관 때문에 의학적 문제가 흔히 발생한다. 50대 이후의 많은 남성들은 생식계가 배설에 문제를 일으킬 수도 있다는 것을 알고 당혹스러워한다. 전립선은 정액의 구성 성분을 제공하기 때문에 남성의 생식에 중요하고, 노년층의 경우 부적응적으로 비대해지기 쉬우며 종종 악성이 된다. 전립선이 커지면 방광을 눌러 정상적인 양의 소변이 고여 있지 못하게 되고, 전립선과 밀접하게 연관된 요도 부분에 물리적인 압력을 가해 배뇨가 어려워진다. 지금에서는 말도 안 되는 상황이지만 역사적으로 결정되어 버린 두 기관의 연관 때문에, 논리적으로는 생식 기능 장애여야 하는 문제가 배뇨상의 문제를 함께 일으키는 것이다.

이 주제에 대해 이야기하는 김에 남성 생식계의 기능적 불합리성을 보여 주는 예를, 비록 그것이 의학적 문제를 일으킨다고 알려진 바는 없지만, 하나 더 언급하겠다. 정소(testicle, 고환)는 각 개체의 발생 과정에서도 그렇듯이 진화 과정에서 몸속 깊은 곳으로부터 음경 뒤쪽의 음낭으로 옮겨 왔다. 현재 우리가 찾아낸 이러한 재배치의 이점은 복부 내에서보다 온도가 1,2도 낮은 음낭에서 정자가 생성되도록 한다는 것이다. 정자 생성에서 낮은 온도가 선호되는 이유는 완전히 밝혀지지 않았으나, 대부분의 포유류 수컷에게 생식의 필수 조건인 듯하다. 주기적으

그림 10

정원사의 곤경은 쉽게 해결될 것으로 보인다. 나무를 한 바퀴 돌기만 하면 호스를 정원의 나머지 부분에 닿게 할 수 있다. 훨씬 덜 현명한 해결책은 호스를 길게 잇는 것이다. 이것이 바로 남성 비뇨 생식계의 진화에서 생긴 일이다(그림 11 참조).

로 생식을 하는 많은 동물 종에서 고환은 번식기에만 음낭 속에 들어가 있으며 번식기가 끝나면 복부 내의 좀 더 안전한 곳으로 다시 이동한다.

고환이 정액을 요도 속으로 배출하는 지점에 될 수 있는 한 가깝게 옮겨 온 것을 보면, 정액을 목적지까지 운반하는 관이 짧을수록 좋을 것이라 예상할 수 있다. 진화가 논리적인 과정이었다면 그렇게 했을 것이다. 그러나 진화는 현재에 약간이라도 더 적응적인지 여부만을 고려하고 그 변화가 가져올 결과에 대해서는 완전히 맹목적이다. 포유류 생식계의 진화에서 무슨 일이 일어났는지는 그림 10의 정원사가 하는 행동에 비유해 설명할 수 있다. 정원사가 정원의 울타리를 따라 오른쪽에서부터 물을 주다가 이제는 왼쪽에서 일을 계속하려는데 공교롭게도 호스가 나무에 걸렸다. 나무 주위를 돌아서 호스를 시계 바늘 방향으로 돌려놓고 오면 지금 위치에서 계속 물을 줄 수 있는데도 정원사는 호스 끝에다 호스 한 도막을 더 이으려고 한다. 어리석지 않은가? 정말 어리석다.

그런데 이것이 바로 진화가 고환을 복부 중앙에서 음낭 위치로 옮기면서 저지른 실수이다. 고환에서 나와 요도로 가는 관

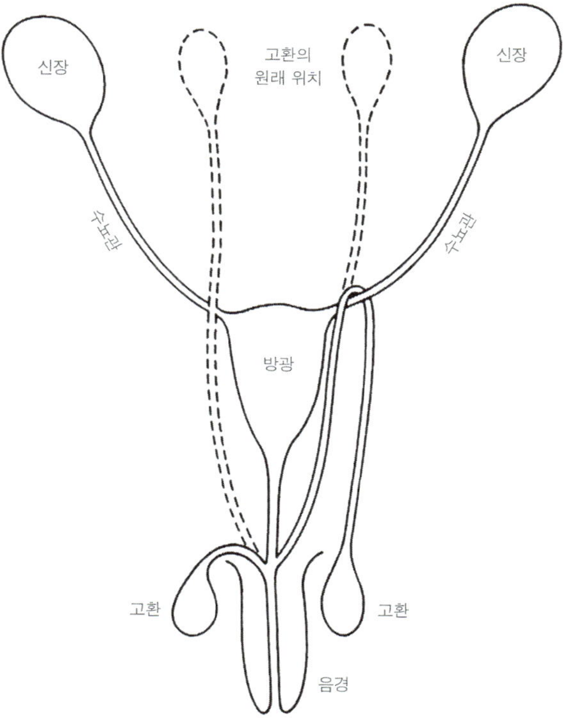

그림 11

현재 남성의 고환(오른쪽)은 그림에서 보듯이 수뇨관에 걸쳐 있는 구조를 하고 있다. 이것은 고환이 진화 과정에서, 그리고 개체 발생 시에 몸 안쪽 깊은 곳(점선으로 표시된 것)으로부터 음낭으로 서서히 이동하면서 생긴 결과이다. 왼쪽에 그려진 고환은 진화가 미래에 일어날 결과를 예측하고 잘못을 시정했더라면 현재 있었을 위치를 나타낸다.

은 신장에서 방광으로 소변을 전달하는 수뇨관에 걸려 있다. 사실 앞서 예로 든 정원사의 행동이 차라리 진화보다 변명의 여지가 있다. 그는 나무에서 멀리 떨어진 곳에 있는 식물들에도 물을 주어야 하므로 어차피 호스를 이어야 했을 것이기 때문이다. 고환은 위에서 아래로 내려오는 진화 과정에서 수뇨관 뒤쪽으로 갈 기능상의 이유가 전혀 없는데도 그림 11에서 보듯이 그냥 그렇게 했다. 그 결과 수뇨관과의 접점을 향한 지속적인 이동으로 관이 짧아지기는커녕 오히려 길어졌다.

의학의 문제와 생물학적 해결

물리적인 압력이나 독성 물질, 목 안에서 창궐하는 수백만의 연쇄상 구균(Streptococcus)과 같은 것들이 우리 몸에 해를 끼칠 때 대개 우리는 그것을 알 수 있다. 이때 나타나는 증상은 피해 자체에서 기인하거나, 피해를 복구하고 더 이상의 손상을 막으려는 우리 몸의 노력에서 오는 것이다. 손상과 복구는 피해가 일어났고 아직도 일어나고 있을 가망이 있다는 증거다. 우리는 증상이 계속되는 한 완치되지 않았다는 것을 안다. 증상이 사라졌다는 것은 좋은 소식이나 증상이 없다고 해서 반드시 피해가 없는 것은 아니다. 복부를 칼에 베이면 심각한 통증을 느끼는데 이는 더 이상의 상처를 막는 데 필요한 일은 무엇이든 하게 하는 적응적 현상이다. 현대의 마취 기술은, 맹장 수술을 받는 환자 모두가 마음 깊이 감사하듯이 그 고통을 완벽하게 제거해 줄 수 있다.

위의 이야기는 의학적으로 좋은 증상과 나쁜 증상을 넌지시 알려 주고 있다. 맹장 수술을 받는 환자의 복부에 생기는 수술 상처는 고통을 주지만 맹장 파열이라는 더욱 심각한 사태를 방지하기 위해 꼭 필요한 것이다. 상처의 고통은 상처가 날 수 있는 모든 정상적 상황에서 생물학적으로 적응적이었을 것이다. 그러나 유능한 의사가 무균 상태에서 수술을 하는 대단히 비정상적인 상황에서 상처의 고통은 의학적으로 부적응적이다. 수술 후의 고통은 환자가 손상된 조직에 추가적으로 가해지는 스트레스를 피하게 해 주는 한도까지만 적응적이다. 만약 환자가 의학적 지시를 잘 따라야 한다는 것을 납득하고 이에 협조해 침대에 얌전히 누워 있다면 그 고통은 필요 이상으로 심하다고 할 수 있다. 그러므로 수술 후의 진통제 처방은 허용될 수 있으며 편히 잠을 잘 수 있게 해 준다면 고통이 없는 편이 의학적으로 더 바람직하다.

이 예만으로는 무엇이 좋고 무엇이 나쁜지 모호한데, 연쇄상 구균 감염을 예로 들어 보자. 두통, 목 아픔, 발열, 빈혈, 후두염에 의한 목쉼 등의 증상이 나타난다. 이들 증상 중에 좋은 증상이라고 여길 만한 것이 있는가? 그렇다. 목소리가 쉬어 안 나오는 것만 빼고는 모두 다 필요하고 좋은 증상들이다. 두통은 쉬면서 스트레스를 피하고 싶게 만드는, 병의 회복을 촉진하는 좋은 방법이다. 목 아픔은 소리를 지르거나 말을 너무 많이 하지 않게 하고 음식을 삼킬 때 조심하게 한다. 고열과 빈혈은 여러분이 박테리아에게 하는 일이지 박테리아가 여러분에게 하는 일이 아니다. 높은 체온은 면역 반응을 촉진하고 도우며, 빈혈은 박테리아가 필요로 하는 영양분을 얻지 못하게 한다. 빈혈 증상을 보이더라도 환자는 몸의 필수적인 과정에 필요한 철분 정도는 갖고 있다. 단지 혈액에서 정상적으로 순환되고 있는 철분을 많은 양 수거하여 간에 저장해 두기 때문에(연쇄상 구균이 여기까지 좇아와서 철분을 사용하지는 못한다.) 어지럼증을 느끼는 것이다.

표 4는 다윈 의학(Darwinian medicine)의 창시자 폴 이월드

(Paul W. Ewald)가 1980년에 제안한 공식적인 증상 분류에 기초한 것이다. 이러한 분류는 감염 치료에 꼭 필요하다. 의사가 연쇄상 구균이 아니라 여러분을 도와주려면 여러분이 나타내는 증상들이 여러분 몸의 방어 작용인지 손상받은 결과인지 구별해야 하는 것이 당연하다. 이렇게 지적하기는 유감스럽지만 대부분의 의사들은 이러한 구별을 잘 못하며 그 중요성도 인식하지 못하고 있는데, 의과 대학에서는 이 표에 있는 것과 같은 내용은 가르쳐 주지 않기 때문이다. 그러므로 혈액 검사 결과만 보고는 철분을 보충하라는 처방을 내려 연쇄상 구균이 우리 몸의 방어 체계를 무너뜨리는 것을 도와줄지도 모른다. 전문 의료인들은 환자나 병원균에게 무엇이 적응적이고 무엇이 부적응적인지 생각해 보지 않고 고지식하게 '정상(normalcy)' 이라는 개념에만 집착하고 있다. 환자에게 비정상적인 면이 있다면 정상이 되도록 교정해 주어야 한다고 생각한다.

정상과 비정상의 구분이 왜 잘못된 것인지 보여 줄 짤막한 이야기가 있다. 여러분이 근무를 마치고 저녁때 집으로 향하고 있는데 집 앞에서 2가지 비정상적인 상황을 목격했다고 치자. 창문에서 엄청난 연기가 피어오르고 소방차가 와서 집에 물을 뿌려 대고 있다. 여러분은 즉시 비정상적인 두 사태를 시정하기 위해 불과 소방관 모두와 싸우기 시작하겠는가? 아마 그렇지 않을 것이다. 목이 쉬어 말이 잘 안 나오는 것과 일시적으로 철분을 간에 붙들어 두는 것의 2가지 비정상 상태는 서로 다른 적응적 의미가 있다는 것을 알 수 있다. 불을 끄기 위해 여러분이 나름대로 할 수 있는 일을 하는 것은 적응적이지만, 소방관들을 공격하는 것은 당연히 부적응적인 행동이다.

어떤 종류의 병원균에 감염되었든지 간에 소방관과 불의 관계에서처럼 병원균과의 전쟁을 치르게 된다. 여러분은 적을 무찌르려 하고 병원균 역시 여러분을 이기려고 최선을 다한다. 그러므로 몸에 나타나는 증상이 적에 대한 방어에서 비롯된 증상인지 적의 공격에서 오는 증상인지를 알 필요가 있다. 여러분이 되도록 빨리 회복되는 것을 목적으로 한다면 발열과 같이 언짢은 증상을 억제하는 약은 심각하게 비생산적인 처방이다. 그렇다고 해서 항상 자연적으로 열이 올라가는 대로 내버려 두어야 한다는 뜻은 아니다. 인간의 신체는 자신의 방어 전략을 사용하는 데 있어 오판을 할 수도 있기 때문이다. 어떤 때는 감염을 극복하기 위해 필요한 만큼까지 열이 올라가지 않고, 또 어

표 4 감염성 질병과 관련해 나타나는 증상의 분류

일반 분류	예	수혜자
1. 숙주 조직의 파괴	충치, 신장염에서 신장의 피해	없음
2. 숙주의 손상	저작 기능 저하, 해독 작용 감퇴	없음
3. 손상의 복구	재생하고 있는 조직	숙주
4. 손상에 대한 보상	다른 쪽 이로 씹음	숙주
5. 위생 방법들	모기 잡기, 감염자와의 접촉 제한	숙주
6. 숙주의 방어	기침, 구토, 항체 생산	숙주
7. 숙주의 방어 체계 회피	면역 세포로부터 멀리 떨어짐, 분자 수준의 의태	병원균
8. 숙주의 방어 체계 공격	에이즈 바이러스의 면역 세포 파괴	병원균
9. 숙주의 영양분 갈취	박테리아의 성장과 번식	병원균
10. 병원균 확산	모기에 의한 새 숙주 감염	병원균
11. 병원균의 숙주 조작	과도한 재채기와 설사, 광견병에 의한 이상 행동	병원균

떤 때는 지나치게 열이 올라 의식이 혼미해지거나 조직이 손상되는 심각한 피해를 초래하기도 한다. 그래도 웬만한 정도의 열에는 약을 쓰지 않는 것이 대체로 안전하다. '정상' 체온이 감염 환자에게는 오히려 해로울 수도 있다. 보다 총체적인 규칙은 증상을 정확히 이해하는 것인데, 표 4의 감염성 질병 증상 분류가 이해에 도움이 될 것이다.

표 4의 내용은 의학적 견지에서는 현명한 것이지만 공중위생의 관점에서는 맞지 않을 수도 있다. 적당한 빈도의 기침과

재채기는 두통이나 감기를 앓는 사람에게는 이로운 증상이다. 그렇게 함으로써 병원균이나 감염된 세포를 몰아내 목과 코의 통로들을 깨끗이 할 수 있기 때문이다. 유감스럽게도 병원균은 그러한 숙주의 방어 작용을 오히려 자신에게 이롭도록 활용하는 방법을 진화시킬 수 있다. 예를 들면, 기침과 재채기는 지금은 건강하지만 감염에 취약한 새 숙주에게 병원균을 확산시키는 역할을 한다. 박테리아는 감염자가 현재 적당한 수준으로 하고 있는 기침과 재채기를 보다 많이 하도록 효과적으로 자극하는 물질을 분비하기도 하는데, 이것은 조금도 놀랄 일이 아니다. 이로써 숙주는 별로 해를 입지 않고 병원균은 크게 이득을 보며 가까이 있는 사람들은 전염될 위험에 처하게 된다.

내가 이 책에서 하는 주장들은 우리와 우리가 현재 살아가고 있는 주변 생물계를 만든 장구한 역사, 그 과거의 시간에 크게 기대고 있다. 나는 인간 본성과 자연환경이 길고도 느린 역사적 발전의 최종 산물이라는 가정을 했다. 그리고 진화란 너무나 서서히 일어나는 변화 과정이기 때문에 목격할 수 없다는 것도 암시한 바 있다. 자연환경이 대단히 오랜 시간이 드는 과정의 산물이라는 법칙에 두드러지는 예외가 하나 있다. 우리와는 비교도 안 될 정도로 빠르게 진화하는 미생물의 세계가 그것이다. 그 속도는 실제로 진화가 일어나는 것을 눈으로 확인할 수 있을 정도이다. 급속한 진화는 미생물이 인간과의 군비 확장 경쟁(arms race, 미생물에 대한 치료약이 개발되면 미생물은 이에 저항성을 가진 돌연변이를 만들어 내는 식의 악순환이 냉전 당시의 미국과 소련 간 군비 확장 경쟁과 비슷해 이런 비유가 나왔다.—옮긴이)에서 엄청나게 유리한 위치에 서도록 해 주었다.

오늘날 박테리아 박멸에 쓰이는 항생 물질이 과거보다 덜 효과적이라는 것은 널리 알려진 사실이다. 박테리아가 항생제에 대한 내성을 진화시킨 것이다. 하루에도 수없이 많은 세대교체가 이뤄지기 때문에 수년, 경우에 따라서는 수주일도 진화적 변화가 일어나기에 충분한 시간이 된다. 1주에 2,000세대까지 증식하는 박테리아도 있다. 인간의 2,000세대가 태어나려면 얼마나 오래 걸릴까? 항생 물질에 대한 병원균들의 내성이 미래에 얼마나 심각한 문제가 될지 정확하게 말할 수는 없으나 이미 전망은 심상치 않다. 20년 전에는 페니실린 등의 항생제로 쉽게 치유됐던 질병들이 오늘날에는 그것들뿐 아니라 최근에 개발된 약으로도 치료가 잘 안 된다. 이러한 비극은 가축 사육에서 항생 물질 사용을 일상화한 것에서부터 부적절한 의료 처방에 이르기까지 대체로 인간이 제공한 원인에 의해 초래된 결과이다. 이 문제는 최근에 와서야 의학 연구자들과 공중위생 운동가들에게 본격적으로 주목받기 시작했다.

의학적으로 중요한 또 다른 면에서도 미생물이 대단히 빠른 속도로 진화할 수 있음이 널리 인식되지 못하고 있다. 예를 들면 병원균들의 병원성(virulence)은 인간이 무심코 취한 행동으로 변화된 환경에 의해 급격히 변할 수 있다. 치명적인 병원균이 덜 치명적인 것으로 진화할 수도 있고, 그 반대가 될 수도 있다. 병원성의 진화는 많은 요인들의 영향을 받는 복합적인 과정이나, 그중 가장 중요한 요소는 쉽게 알 수 있다. 만약 다른 종류의 기생자들, 혹은 같은 종류이면서 유전적으로 다른 것들이 한 숙주 내에서 경쟁을 한다면 그중 가장 병원성이 큰 종이 승리할 가능성이 높다. 경쟁자들은 새로운 숙주에게 감염성 번식자(propagule)를 확산시키는 등 온갖 수단을 동원하여 자신들의 번식을 위해 숙주를 최대한 이용할 것이다. 숙주를 가장 왕성하게 착취하는 것일수록 성공적으로 번식할 수 있다. 그 성공이 끼치는 해가 너무 큰 나머지 숙주가 죽어 버리면 탐욕스러운 기생자의 삶도 끝이다. 하지만 이것으로 다른 경쟁자들 역시 번성하지 못하게 된다. 그러므로 한 숙주 내에서 경쟁하는 기생자들 중에서 자연 선택은 병원성이 가장 큰 것을 선호하게 된다.

그러나 다른 종류의 선택도 분명히 일어난다. 여기 2명의 감염자가 있다고 해 보자. 한 사람은 숙주를 오래 생존시키는 병원성이 약한 균에, 또 한 사람은 숙주를 곧 사망시킬 병원성이 강한 균에 감염돼 있다. 오래 생존하는 숙주의 병원균은 곧 사망하는 숙주 속에 있는 것들보다 더 오랫동안 감염성 번식자를 다른 숙주들에게 퍼뜨릴 수 있다. 하나의 집단으로서 병원균은 오래 생존하는 숙주 내에 사는 것이 더 성공적이다. 그러므로 두 단계의 선택이 일어나고 있다. 한 숙주 안에 있는 병원균들 사이에서의 선택과, 서로 다른 숙주 안에 사는 병원균 집단들 사이에서의 선택이 그것이다. 진화된 병원성의 강도는 (다른 요인보다 특히) 숙주 내 선택과 숙주 간 선택 사이의 균형을 반영한다. 이 균형은 수많은 환경적 요인들과 다른 요인들의 영향을 받는다.

병원성을 낮추는 것이 의학적으로 바람직하므로, 어떻게 해서든 숙주 내 선택은 약화시키고 숙주 간 선택은 강화시키는 방법으로 원하는 효과를 얻을 수 있다. 한 숙주에서 다른 숙주로 병원균이 확산되는 것을 억제하는 조치를 취하면 병원성을 줄이는 방향으로 자연 선택이 강화될 것이다. 새 숙주로의 확산이 빠르고 잦다면 병원성이 큰 병원균도 원래 숙주가 사망하기 전에 새로이 수많은 숙주를 감염시킬 수 있다. 이 경우 원래 숙주의 사망은 이 병원균에게는 그다지 문제가 안 되는 손실이다. 그와 반대로 확산이 충분히 느리고 드물게 일어난다면, 새 숙주가 감염되기 전에 첫 번째 숙주가 죽음을 맞을 것이며 병원균은 높은 병원성 때문에 스스로 파멸할 것이다.

그러므로 공중위생을 위해서뿐만 아니라 질병에 걸린 개체 내에서 감염성이 약화된 병원균이 자연 선택되도록 하기 위해서도, 한 숙주에서 다른 숙주로 병원균이 확산되는 것을 방지하는 의료 및 위생 조치는 무엇이든지 바람직하다. 소독된 주삿바늘과 콘돔의 일상화는 결과적으로 더 느리고 덜 치명적인 에이즈 바이러스(HIV, human immunodeficiency virus)의 진화를 돕고, 방충망과 모기약은 병원성이 적은 말라리아 병원충이 선택되도록 하며, 소독한 식수는 콜레라 감염 환자의 고통을 덜어 줄 것이다. 앞으로는 미생물 병원성의 진화, 약에 대한 내성, 그 외 의료와 공중 보건적 관점에서 본 다른 특성들이 연구와 관련 운동의 초점이 될 것이다.

앞의 감염성 질병표는 감염성 질병뿐 아니라 온갖 종류의 중독이나 상해와 같은 의료 문제와도 관련이 있다. 이러한 무생물 원인들이 주는 고통(약물 남용이나 햇빛에 의한 화상 따위의 경우)은 가해자에게 아무런 이익이 없고 진화적 변화의 가능성도 없기 때문에 문제가 훨씬 단순하다. 그러므로 표에서 병원균에게 이로운 증상 항목만 지워 버리면 된다. 명심할 점은, 피해를 입고 있음을 알려 주는 증상과 손상을 회복하려는 피해자의 노력으로부터 나타나는 증상을 잘 구분해야 한다는 것이다.

현대의 비정상적인 환경 요인

진화 생물학은 많은 면에서 의료 문제와 밀접하게 연관돼 있는데, 그중에서 하나만 더 예를 들어 설명하고자 한다. 자연 선택 과정은 피할 수 없다. 인류 개체군에는 언제나 그랬듯이 지금 이 순간에도 자연 선택이 작용하고 있지만, 인간의 시간 척도로 보면 대단히 느리게 진행되고 있다. 이 책에서는 수만 년 전 농경 생활을 처음 시작한 이래 인류는 진화할 시간을 충분히 갖지 못했다고 추정한다. 그 결과 인간의 본성은 역사 시대보다도 100배는 더 오래 지속된 석기 시대 때와 거의 다를 바 없다고 본다. 현재 인간의 본성은 석기 시대 생활에 맞게 설계된 그대로이다.

그러나 주위 환경은 지난 2,000여 년 동안 급격히 변해 왔다. 농업은 인류의 생활 양식에 극적인 변화를 가져왔다. 그것은 우리의 식단을 급격히 바꾸었고 인구가 엄청나게 팽창하게끔 했다. 영구히 정착된 마을과 그 후에 생겨난 대도시들은 풍족한 농작물 공급에 의해서만 유지될 수 있다. 농경 생활은 또 오늘날 그 어느 때보다도 급속히 발달하고 있는 과학 기술의 폭발적인 발전을 이끌어 냈다. 기술상의 진보는 대부분 유익했으며, 우리가 현재 향유하고 있는 사치와 안전을 가져다 주었다. 현대 인류 개체군이 누리고 있는 개인의 자유와 건강, 그리고 낮은 사망률을 옛날과 비교해 보면 오늘날의 세상은 불가사의할 정도로 축복받았다고 해야 할 것이다.

그러나 그 축복은 완벽하지 않았다. 우리가 긴 일생 동안 누리는 건강과 안전의 달콤함은 노년의 장애와 고통이라는 씁

씁함을 대가로 치른 것이다. 다른 혜택도 우리 건강에 그만큼의 대가를 요구하고 있다. 풍부한 농작물은 이상적인 식품을 제공하지 않는다. 밀가루 음식과 다른 동물의 젖이 이유기를 앞당겨 주었다. 이것은 인간의 번식력을 향상시킬 수는 있으나 어린이 건강에는 부정적인 영향을 끼칠 수 있다. 어른 아이 할 것 없이 전분, 지방, 단백질이 많이 함유된 식사로 인해 수렵 채취 활동을 했던 우리 조상들이 섭취하던 음식에는 보통 충분히 들어 있던 비타민이 결핍될 수 있다. 고고학적 자료에서도 인간이 들판으로 먹을 것을 찾아다니다 농사로 전환했다는 사실은 농사를 짓던 인간의 작아진 체구, 잦은 뼈의 결함, 치아의 병리 흔적으로 증명되곤 한다.

현대 산업 사회에서 나타나는 질병들의 주요한 원인은 석기 시대에 완성된 인체의 적응과 현대의 환경이 맞지 않기 때문일 수 있다. 가장 근본적인 예는 우리의 편식과 음식점 메뉴나 슈퍼마켓 선반을 훑으면 누구나 손쉽게 구할 수 있는 음식들로 인해 생기는 문제이다. 석기 시대에는 가장 달고 부드럽고 영양분이 많은 음식을 추구하는 것이 언제나 이로웠다. 잘 익은 과일이나 먹기 좋은 땅속줄기라든가 사냥해서 잡은 야생 동물의 가장 먹기 좋은 부분들만 찾아 먹는 것은 대부분의 식물들이 갖고 있는 강력한 화학 무기(식물의 독.—옮긴이)를 피하는 데 도움이 되었다. 먹기 좋은 동물은 초기에는 도마뱀, 뱀, 곤충 등이었다. 그후 석기 시대 말엽에는 활을 사용하거나 개를 사육함으로써 큰 포유류나 새를 사냥하는 기술이 생겨나 이들을 포식하는 것이 계절마다 즐길 수 있는 사치가 되었다. 설탕과 지방 섭취를 극대화하면서 석기 시대 인류는 자연히 건강과 활력을 얻게 되었다. 소금도 종종 공급이 달리는 필수 영양물질이었다.

오늘날의 인류는 석기 시대와 같은 정도의 욕구를 가졌으나 역사상 가능했던 수준보다도 훨씬 많은 양의 설탕, 지방, 소금을 쉽게 얻을 수 있게 되었다. 그 결과 비만, 당뇨, 심장 질환, 그리고 여러 종류의 암 발병률이 높아졌는데, 석기 시대의 정상적인 음식을 먹었더라면 그러한 병에 걸릴 확률이 훨씬 낮았을 것이다. 이와 관련된 또 하나의 문제는 신체 활동이 적은 우리의 생활 습관이다. 현대인은 들판에서 이리저리 뛰어다닌다든가 힘들여 나무뿌리를 파내고 과일을 따기 위해 나무를 기어 올라간다든가 허리를 굽히는 일을 하는 대신, 책상이나 공장 조립 라인, 운전대에 앉아 대부분의 시간을 보내는 생활을 하고 있다. 이러한 좌식 생활은 석기 시대 최고의 가치였던 에너지 절약의 욕망을 충족시켜 주었으나 과다한 열량 섭취와 함께 질병에 대한 저항력을 떨어뜨렸다.

인간의 음식 섭취 적응과 오늘날의 풍족한 환경이 서로 어긋나는 것은 인류가 진화시켜 온 적응과 현재 환경 사이에 일어나는 수많은 부조화들 중에서도 가장 쉽게 이해되는 예이다. 그 외에도 실례는 얼마든지 있다. 이런 유의 문제를 연구할 때 일반적인 법칙은, 정상적인 (석기 시대) 환경에서는 심각하게 불리했을 것이나 현대에는 많이 퍼져 있는 질병 종류를 찾아보는 것이다. 그 다음에는 적합한 질문을 한다. 왜 자연 선택은 이런 조건들에 대한 우리의 무력함을 제거하지 않았을까? 한 가지 가능성은 그 무력함은 아마도 다른 개체에서, 혹은 같은 개체의 일생의 다른 시기에 이익이 되는 어떤 효과로 이미 그 값을 치렀을 것이라는 점이다. 젊음의 활력을 위한 대가가 노화인 것처럼 말이다. 또 한 예로, 말라리아에 대한 저항성은 일부 개체들에서 겸상(낫꼴) 적혈구 빈혈증(sickle cell anemia, 돌연변이에 의해 낫 모양의 비정상 적혈구가 만들어져 악성 빈혈이 초래되는, 아프리카 흑인에게 흔한 유전병.—옮긴이)을 일으키는 유전자로부터 오는데, 많은 사람들에게 이득이 되고 있다.

또 다른 가능성은, 앞서 강조했듯이 우리의 문제가 석기 시대의 적응과 현대 환경 사이의 부조화에서 오는 것일 수 있다는 점이다. 대표적인 예는 근시, 치아 교정의 필요성, 사랑니 수술 등이다. 아프리카 초원에서 수렵과 채취로 살아가는 사람이 암석과 토끼를 잘 구별 못 한다든지 멀리서 창을 던지는데 적과 친구를 분간해 내지 못할 때 겪을 곤란을 상상해 보라. 거기에다 이 원시인은 잘못 자리 잡은 송곳니와 아프게 묻혀 있는 사랑니 또한 가지고 있다고 해 보자. 근시나 치아의 문제는 현존하는 부족 사회에서는 거의 발견되지 않으며, 석기 시대에도 분명 없었을 것이다. 그러나 오늘날 우리 사회에는 흔하다. 혹시 이러한 문제들은 우리가 눈이나 이와 턱을 어린 시절과 성년기에 비정상적으로 사용하는 데서 오는 것이 아닐까? 이 주장이 맞는지, 맞다면 어떻게 비정상적으로 사용되는지, 그리고 어떻게 하면 그 영향을 완화시킬 수 있을지 연구해 볼 필요가 있지 않을까?

지금까지 진화론의 원리가 어떻게 해서 의학 교육 및 관련 연구, 의술의 시행과 관련해 중대한 의미를 지니는지 몇 가지

가능성에 대해서만 겨우 훑어 보았다. 그 외에 수많은 다른 예를 들 수 있다. 정신병, 알레르기, 암, 성과 생식 기능 장애, 불면증, 햇볕에 의한 화상, 그리고 온갖 종류의 중독과 상해 등 의학의 전문 분야 중에서 다윈주의적 통찰에 도움을 청하지 않는 곳이 없다. 막대한 지적 호기심을 불러일으키는 진화에 대한 연구가 머지않아 의학에 없어서는 안 될 기본 개념으로 자리 잡게 될 것이라 확신한다.

9

적응주의의 철학적 의미

그녀가 품었던 숨은 뜻
온 사방에 퍼져 있는데,
오십 개의 씨 가운데
단 하나만이 태어나다니.

– 앨프레드 테니슨 경(Lord Alfred Tennyson, 1809~1892년)

앨리스: 어떤 일이 일어나기 전에는 그걸 기억할 수 없어요.
하얀 여왕: 뒤로만 작동하다니, 형편없는 종류의 기억이로구나.

– 루이스 캐럴(Lewis Carroll, 1832~1898년)

이 책의 전반부에서 나는 18, 19세기의 '지혜로우신 하느님(God-is-smart)'의 개념이 옳지 않음을 보이려고 시도했다. 이제부터는 내가 '고마우신 하느님(God-is-good)'이라고 이름 붙인 개념을 공격하고자 한다.

여기서 잠시 내가 다루려는 '하느님(God)'의 정의를 짚고 넘어가야 할 것 같다. 나는 사람들의 종교적 감수성에 상처를 주기 위해 종교를 희화화하는 무신론자는 아니다. 어떠한 종교적인 토론에서든지 오히려 나는 무신론은 존재하지 않는다고 규정 짓는다. 어떤 다른 형태로 존재하는 것도 부재하는 것도 아닌, 우리에게 관찰되는 그대로의 우주를 책임지는 어떤 실체 혹은 실체들의 복합을 신이라 부를 수 있을 것이다.

창조자인 신을 그렇게 정의하고 나면 창조라고 하는 우리가 가지고 있는 유일한 증거를 이용해 그를 평가하고 파악하는 일에 착수할 수 있다. 이 책의 처음 두 장에서는 페일리와 자연신학파들의 주장과는 반대로 하느님이 공학적 솜씨가 뛰어나다는 증거는 하나도 없음을 설명했다. 그들은 지적인 계획뿐 아니라 맹목적인 시행착오에 의해서도 기능적인 설계는 생겨날 수 있음을 미처 알지 못했다. 어떤 목적을 가진 것처럼 보이는 생명체의 구조나 행동이 사실은 시행착오의 작품일 수 있다는 것을 몰랐던 것이다. 유기체들은 이해와 계획이 전혀 없을 때 일어남 직한 어리석은 실수와 기능적 장애를 명백히 보여 준다.

'고마우신 하느님' 이란 개념 또한 흔한 가정인데, 자연 선택이 모든 기능적인 설계의 근간이 된다면 이 말도 더 이상 타당하지 못하게 된다. 자연의 모든 것은 오로지 그 자신의 성공을 위해 고안된 것이다. 어떤 식으로든 현재 더 큰 성공을 거두고 있는 것이 미래에 그 특성을 더 많이 나타내게 될 것이다. 이것이 하느님의 창조에서 제공되는 유일한 보상이다. 자연 선택 개념의 도덕적으로 용인할 수 없는 면은, 주장되고 받아들여져야 할 결론이 아니라 고찰되어야 할 문제이다. 영국의 대문호 조지 버나드 쇼(George Bernard Shaw, 1856~1950년)는 자연 선택에 대해 숙고한 후 이렇게 말했다. "자연 선택의 전체적인 의미가 모습을 드러내면 여러분의 가슴은 한없이 무너져 내릴 것이다. 그것은 아름다움과 재능, 힘과 목적, 영광과 야망을 소름끼치도록 가증스럽게 격하시키는 끔찍한 운명론이다." 자연 선택에 대한 쇼의 힐난도 일리는 있으나, 자연 선택의 전망은 그가 느꼈던 것만큼 비관적이지는 않다. 생물학적 창조 과정은 실로 사악하지만 끝없이 어리석기도 함을 그는 알지 못했다. 그 사악함을 한 수 앞지르려는 우리의 지적 노력이 지독히도 비합리적인 적을 이기고 승리할 것이라는 희망이 보인다. 토머스 헉슬리가 말한 대로 "지적 능력으로 난쟁이는 타이탄을 무릎 꿇게 하며," 리처드 도킨스의 말처럼 우리는 "이기적인 복제자(유전자를 뜻함.—옮긴이)의 횡포에" 대항할 수 있다는 희망을 가져도 좋다.

조금이라도 양심이 있는 사람이라면, 유전자를 후손에게 이웃보다 더 성공적으로 전달하는 데 궁극적인 삶의 목적이 있고 그 성공적인 유전자가 다음 세대의 발생을 인도하는 정보를 제공하며 그 정보는 항상 '네 유전자 성공의 극대화를 위해 이웃과 친척을 포함한 너의 모든 환경을 착취하라.' 라고 지시할 뿐만 아니라 '궁극적 이득이 있다면 사기를 쳐라.' 라고까지 하는 것이 황금률에 가장 가까운 법칙이라 여기는 체계에 대해(3장 죄수의 딜레마 참조.—옮긴이) 비난 외에 달리 어떤 반응을 보이겠는가?

자연 선택의 결과가 갖는 비도덕성

새파란 하늘과 빛나는 태양, 그 아래 펼쳐진 푸른 숲이나 아름다운 산호초는 평온함과 조화로움의 상징처럼 보이지만 자세히 들여다보면 그런 감상은 날아가 버린다. 숲에 있는 나무 한 그루를 살펴보라. 그 나무는 거의 틀림없이 해충과 질병에 시달리며 소, 사슴, 원숭이같이 새싹을 뜯어 먹는 초식동물들에게 끊임없이 공격당하고 있을 것이다. 그 원숭이들에 대해서도 똑같은 이야기를 할 수 있다. 털을 들추고 피부를 슬쩍 한번만 보아도 이, 벼룩, 곰팡이들에게 참혹한 피해를 입고 있음을 알게 될 것이다. 뿐만 아니라 녀석들은 재규어나 다른 포식자의 공격으로 인한 끊임없는 위험 속에서 살아가야 한다. 숲과 산호초에 대한 이야기는 냉혹한 군비 확장 경쟁, 고통, 살상으로 점철되어 있다.

나무의 예로 돌아가 보자. 나무는 매 계절 번식기마다 수백, 수천 개의 씨앗을 맺을 것이다. 그리고 언젠가는 죽어 그것을 닮은 다른 개체로 대체될 것이다. 나무가 생산한 그토록 많은 씨앗은 다 어떻게 되었을까? 테니슨은 50개 중 하나밖에 살아남지 못하는 불합리성을 통탄했으나 큰 나무 한 그루에서 만들어진 씨앗들의 장래에 비하면 그러한 상황은 도리어 이상적이라 해야 할 것이다. 삶에 실패한 것들의 명단에 들어가야 할, 나무가 될 가망성을 갖고 있었던 모든 씨앗을 한번 생각해 보라. 이것은 수적으로 다소 극단적인 예이다. 원숭이는 새끼 원숭이 중 상당한 비율이 성체가 될 때까지 성장하므로 그 반대편 극단이 될 것이다. 그러나 여기에서도 실패한 개체의 수가 성공한 개체의 수를 웃돈다.

오늘날 인간의 생활사는 우리의 경험에 비출 때 대부분의 아기들이 성인으로 성장한다는 점에서 대단히 비정상적이다. 수천 년 전까지 보편적이었던 역사상으로 정상적인 조건에서 인류 개체군은 오늘날의 기준으로 보면 높은 사망률을 가지고 있었다. 수십만 년 전까지만 해도 인류는 자연계에서 상당히 희귀한 종이었다. 이것은 오랜 기간 동안 인구 증가율이 거의 0에 가까웠음을 뜻한다. 인구가 100년에 1퍼센트 증가하면 7,000년 내에 2배가 된다. 이런 계산대로라면 인구는 10만 년 내에 원래의 2만 2000배가 되었어야 맞지만 우리 모두가 알고 있듯이 그런 일은 일어나지 않았다. 석기 시대의 생활 환경은 시대와 장소에 따라 크게 달랐을 것이나, 평균적으로 그 당시 성숙한 소녀는 죽기 전 혹은 번식 기능을 잃는 갱년기에 이르기까지 4명의 아이를 출산했을 것이라 가정해도 크게 틀리지 않는다. 번식 활동은 수년간의 수유기를 동반했고, 수유는 배란을 억제하고 다음 임신을 지연시켜 일생 동안의 번식력(fecundity)을 몇 명의 아기만 낳는 정도로 낮게 유지시켰을 것이다. 또 낳은 아이 중 절반 정도만이 성인이 될 때까지 생존했을 것이다. 질병, 포식자, 사고, 살인, 그리고 적대적인 부락의 구성원이나 심지어 자기 집단의 구성원에 의한 영아 살해(infanticide) 같은 것이 수많은 목숨을 앗아가, 살기 좋은 서식지 1제곱킬로미터당 1명 수준으로 인간의 수를 유지시켰을 것이다.

영아 살해는 비정상적인 환경에서만 나타나는 사회적 병리 현상이 아니다. 오늘날에도 우리가 원시적이라 생각지 않는 몇몇 문화권을 포함해 다양한 인류 문화에서 일반적으로 발생하고 있으며 대부분의 동물 종에도 널리 퍼져 있다. 그리고 우리가 알고 있는 진화로부터 전적으로 예상 가능한 일이다. 이 주장에 대한 증거는 고고학과 생물학 전문 문헌에서 풍부하게 발견된다. 사실 영아 살해는 더 끔찍한 이야기의 작은 부분에 불과하다. 자연의 기생과 포식(사람을 피식자로 하는 식인을 포함하여)에 대한 산더미처럼 쌓인 자료들이 자연 선택으로 생겨난 적응이 야기하는 고통과 신체적 상해(mayhem)가 얼마나 막심한지를 입증해 주고 있다. 기생 생활의 한 예로 토마스 만(Thomas Mann, 1875~1955년)이 『파우스트 박사(*Doktor Faustus*)』(1947년)에서 묘사한, 뇌막염으로 인한 리틀 에코(Little Echo)의 가슴 아픈 죽음을 떠올려 보라. 이 장에서 나는 영아 살해의 구체적인 예로 캘리포니아 출신 고고학자 세라 허디가 보고한 사례를 소개하고자 한다.

허디는 인도 북부에 사는 하누만랑구르원숭이(Hanuman langur)의 개체군을 연구했다. 그들의 짝짓기 체계는 생물학에서 '하렘 일부다처제(harem polygyny)'라 불리는데, 우두머리 수컷은 다른 수컷들을 물리칠 수 있는 한 성숙한 암컷 그룹에의 성적 접근을 독점한다. 머지않아 더 힘센 수컷이 암컷들의 규방을 침탈하면 패배한 수컷은 홀아비 추방자들 대열에 끼는 신세가 된다. 새 우두머리 수컷은 아직 젖먹이인 새끼들을 죽임으로써 새로 얻은 부인들에게 자신의 사랑을 확인시킨다. 새끼 죽이기에 성공하면 그 어미 원숭이는 젖 분비를 멈추고 곧 발정기에 들어

간다. 새끼의 죽음이 어미 원숭이를 수컷의 번식을 위한 가능 자원에서 실질 자원으로 좀 더 빠르게 전환시킨다. 이것이 영아 살해가 수컷에게 적응적인 이유이다.

수컷의 살해 시도가 항상 성공하는 것은 아니다. 암컷들은 대부분 자매거나 가까운 친척이므로 위험에 처한 새끼의 생존에 대하여 공통된 유전적 이해관계에 있다. 그러므로 어미는 자기 새끼를 보호하는 데 다른 암컷들의 도움을 얻을 수 있다. 그러나 불행히도 수컷은 훨씬 크고 힘이 세며 대개 새끼 살해에 성공한다. 양육 중이던 새끼를 잃으면 암컷은 곧 배란을 시작하면서 자기 새끼를 죽인 수컷의 구애를 받아들이고, 수컷은 성공적으로 암컷이 다음에 갖는 새끼의 아비가 되는 것이다.

아직도 '고마우신 하느님'이라 생각하는가?

어머니 대자연(Mother Nature)이라 인격화된 것이 공공연하게 지니고 있는 사악함을 인식하게 된 것은 최근에 이루어진 학문적 발전 덕분이다. 이론가나 야생 연구자들은 그동안 인간과 동물의 행동 중에서 될 수 있는 대로 유쾌한 측면만을 골라 연구·토론해 왔다. 현장 연구를 하는 생물학자들이 의도적으로 모르는 체한 예가 매우 많은데 그중에서도 나는 머리 래빅(C.

Murray Lavick)의 남극 펭귄에 관한 1916년 연구를 가장 좋아한다. "많은 펭귄 군체들이 주변을 맴도는 작은 불량배 무리들에게 괴롭힘을 당한다. 새끼가 어쩌다 길을 헤매기라도 했다가는 그들에게 목숨을 잃기 십상이다. 그들이 저지르는 만행은 이 책에는 차마 적을 수 없을 만큼 끔찍하다." 이후의 많은 연구자들과 달리 래빅은 자기 검열에 대해 솔직하게 털어놓은 것이다.

허디는 자연계에 만연한 영아 살해에 대해 생물학자, 사회과학자, 그리고 과학적으로 학식 있는 일반 대중의 관심을 끌어낸 이 분야의 개척자이다. 1977년에 나온 그녀의 논문 「영장류 번식 전략으로서의 영아 살해(Infanticide as a Primate Reproductive Strategy)」는 성체 수컷의 영아 공격이 적응적이며 정상이라는 것을 믿기 거부하는 독자들로부터 혹독한 의심을 받았다.

1993년 뉴욕 주 빙엄턴(Binghamton) 시에서 열린 학회에서 캐나다 인 심리학자 마틴 데일리가 이 분야에 대한 연구를 회고하면서 지적했듯이 "시대는 변했다." 그는 죽은 고기를 먹는 한 종류의 딱정벌레가 죽은 쥐의 사용을 놓고 벌이는 대립 양상을 연구한 어느 생물학자의 발표를 경청했다. 딱정벌레 암컷은 쥐의 사체에 알을 낳고, 알 낳을 사체를 찾아다니는 다른 암컷들로부터 그것을 잘 지킨다. 그러나 가끔 도전자가 그 죽은 쥐를 빼앗아 독차지하기도 한다. 발표가 끝나자 청중 한 사람이 첫 번째 딱정벌레가 낳은 새끼들은 어떻게 되냐고 질문했다. 발표자는 즉시, "물론" 새로 온 암컷이 다 죽여 버린다고 설명했다. 데일리는 그 자리에 허디가 없는 것을 유감천만으로 생각했다. 그녀가 있었더라면 자신의 이론(異論)이 발표된 지 20년도 채 지나지 않아 그것을 입증해 주는 예들이 자연에서 속속 발견되는 것을 보고 무척 흐뭇해 했을 것이기 때문이다.

다른 도덕적 궤변들

수많은 전통 종교들이 지난 세기 동안 축적된 생물학적 지식으로 인해 진작 사라졌어야 할 사고방식을 여전히 고수하고 있다. 그중 하나가 성스러운 시체라는 잘못된 생각이다. 사람이 죽으면 가족이나 친지들은 죽은 신체에 어떤 의미가 있는 것처럼 행동한다. 죽음 이후에 "마지막으로 남은 것"은 인간의 생명을 표출했던 매체로서의 물질에 불과하다는 엄연한 사실을 무시하는 것이다. 얽히고설킨 인간사는 그 물질들이 왔다 가는 사이, 즉 7장에서 얘기한 촛불의 불꽃만큼이나 짧은 시간 동안 펼쳐지는 이야기이다. 한때는 죽은 노인들의 일부였던 엄청난 양의 물질들은 이미 지구 생태계를 거쳐 흩어져 버렸다. 죽은 자를 이루던 분자의 극히 일부만이 지구나 태양 주위의 궤도를 돌고 있을 것이다. 화장(火葬)은 단지 죽음의 마지막 순간까지 존재했던 물질들의 불가피한 순환 과정을 촉진시킬 뿐이다.

신성한 시체라는 궤변은 한때 원형질(原形質, protoplasm), 즉 생명체 안의 살아 있는 특별한 물질이라는 생물학적 개념의 지지를 받은 적이 있다. 수많은 물질들이 살아 있는 세포에 유입되고 유출되는데 원형질은 그러한 물질의 유입 · 유출을 조절하는 안정된 실체라는 것이다. 생명체는 자동차처럼 자원을 자신과 분명히 구별하는 하나의 기계라고 생각되었다. 죽은 자는 죽은 원형질을 가지고 있겠지만, 그래도 그것은 그가 일생 동안 가지고 있던 바로 그 원형질이라고 생각되었다. 1940년대에 내가 생물학 강의를 수강할 때만 해도 원형질 이야기가 종종 나왔으나 오늘날에는 그 용어 자체가 거의 사용되지 않는다.

인간의 생명이 생물학적으로 간단하게 정의될 수 있다는 그릇된 개념에서 많은 잘못된 생각들이 파생되고 있다. 이 궤변은 사람들로 하여금 인간의 일부를 다른 종의 것으로 대체하는 것에 도덕적 거부감을 표출하게끔 만든다. 망가진 심장을 들어내고 돼지의 심장을 이식받은 사람은 왠지 더 이상 온전한 인간이 아닌 것처럼 느낀다. 그는 생물학적으로는 분명히 1퍼센트 돼지에 99퍼센트 사람이지만 그가 아직 인간으로서의 희망과 두려움, 추억들을 갖고 있다면, 그러한 생물학적 사실은 도덕적으로 아무런 관계가 없을 것이다.

잉태의 순간이란 말도 비슷한 궤변이다. 인간의 난자와 정자의 결합은 전혀 새롭고 유일한 유전자형을 형성한다. 그 결합으로는 인간이라는 단어에 함축되어 있는 희망과 두려움, 추억, 혹은 도덕적 중요성을 가진 어떠한 것도 생겨나지 않는다. 새로 수정된 난자는 완전한 인간으로 존재하기 위한 잠재력을 가졌으나, 따지고 보면 그 가능성은 수정 이전에도 있었다. 수정 가능했으나 좌절된 다른 수정에 대해서도 똑같이 말할 수 있다. 단 하나의 정자에 의한 성공적인 수정은 함께 경쟁하는 다른 수천만 정자들의 조기 사망을 뜻한다. 그것도 수천만 가지로 가능한 유일무이한 인간 유전자형의 모든 희망과 가능성을 날려 버리는 것이다.

잉태의 순간이라는 표현은 철학적으로 용납되기 어려울 뿐만 아니라 생물학적으로도 무지한 말이다. 그것은 수정을 의심할 여지없이 일어났는가 안 일어났는가의 단순한 과정으로 생각하지만, 실제로 '그 순간'은 복잡한 작용이 일어나는 수시간의 문제이다. 난자를 둘러싼 여러 겹의 막과 정자 사이에 정교한 생화학적 작용이 일어난다. 정자는 서서히 막을 뚫고 자신의 핵을 난자 안에 넣어 정착시킨다. 난자와 정자의 핵은 염색체의 응축과 이동을 수반하는 근본적인 변화를 시작하고, 마침내 융합된다. 융합 뒤에 따르는 많은 발생학적 사건의 세부 사항들은 난자가 생산될 때 그 속에 이미 결정되어 있다. 정자가 제공하는 유전자는 배 발생이 충분히 진행된 단계까지 뚜렷한 영향을 미치지 않는다. 인간성의 엄격한 생물학적 정의는 이 정교한 프로그램상에서 난자와 정자가 한 인간이라는 생명을 부여받게 되는 게 언제인지를 구체적으로 지정해야만 한다.

수정되는 것이나 유일한 유전자형이 확립되는 것을 인간으로서의 시작이라고 정의하는 데는 또 다른 문제가 얽혀 있다. 하나의 수정란이 한동안 발달하다 두세 개로 갈라져 일란성의 두 쌍둥이나 세 쌍둥이로 발생한다면, 그들은 신체적으로 분리된 생명임에도 불구하고 하나의 인간으로 간주해야 하는가? 이것은 대부분 사람들이 갖고 있는 도덕적 감성에 어긋날 것이다. 최근 들어 생물학적 개체와 도덕상의 개체들 사이의 관계에 의문을 더하게 만드는 관찰 결과들이 속속 발표되고 있다. 2개의 수정된 난자에 의한 이란성 쌍생아가 발생 초기에 하나로 융합되어 물리적으로 하나의 아기로 발생, 출생하기도 한다는 것이다. 이렇게 출생한 개체는 오늘날의 발달된 분자 생물학 기술로 신체 각 부분들이 유전적으로 다르다는 것을 증명할 수 있다. 겉으로는 정상적인 여자가, 남자가 될 뻔했던 쌍둥이 수정란에서 기원한 유전적으로 남성인 조직을 가지고 있을 수도 있고, 또 그와 반대의 경우도 가능하다.

인간의 생명은 서서히 생겨난다는 것이 가장 현실적인 시각일 것이다. 어린아이가 말하는 법을 습득한 후 그것을 이용해 자기 생각을 남에게 전달할 수 있게 되는 것도 서서히 진행되는 과정의 좋은 예이다. 이러한 점진론은 개인적인 결정이나 공공정책 입안 시에는 별로 도움이 되지 않는다. 우리는 행동의 지침이 되고 누구의 인권이 인정되어야 할지를 결정하는 데 척도로 삼을 만한 단순한 법칙이 필요하다. 임신 기간을 다 채우고 태어난 신생아를 완전한 인간으로 인지하는 것도 그런 법칙 중 하나가 될 것이다. 그것이 최선이라고 주장하는 것은 아니다. 단지 태아의 권리를 인정하는 일보다는 좀 더 논리적이라는 뜻이다. 출생 전 태아의 권리에 대한 주장들은 인간성을 생물학적으로 정의하는 용납될 수 없는 이론과 태아가 자궁 속에서 보이는 특정 행동들을 근거로 하는 것이다. 인간 태아가 보여 주는 능력들은 그 정도 발생 단계에 이른 다른 포유류 태아와 다르지 않다.

윌슨의 선언

에드워드 오스본 윌슨(Edward Osborne Wilson)은 그의 유명한 저서 『사회 생물학: 새로운 종합(*Sociobiology: The New Synthesis*)』(1975년)의 1장 첫 단락에서 다음과 같이 주장했다.

> (현대 생물학자들은) 자기 인식이 뇌의 시상 하부와 대뇌변연계에 있는 정서 중추에 의해 제어되고 형성된다는 사실을 알고 있다. 이 중추들은 우리의 의식을 미움, 사랑, 죄의식, 공포 등의 모든 감정

으로 채우고 있고, 윤리 철학자들은 이러한 감정에 의존하여 선악의 기준을 직관하고 있다. 그러면 우리는 무엇이 이 시상 하부와 대뇌변연계를 만들어 냈느냐 하는 의문을 제기하지 않을 수 없다. 이것들은 바로 자연선택에 의해 진화되어 왔다. 이와 같이 간단한 생물학적 언명은 인식론과 인식론자들까지 들추지 않는다 하더라도 윤리학과 윤리 철학자들을 설명하기 위해 철저하게 탐구되어야 할 것이다.

윌슨의 이 책은 대단한 업적인 동시에 20세기에 나온 철학적으로 가장 의미 깊은 생물학적 연구이나 완성도는 아직 미지수이다. 그의 주장 전반과 관련해 몇 가지 작은 면에서, 그리고 위 글과 관련하여 2가지 중요한 면에서 흠을 잡아 보겠다. 첫째 결정적으로 윤리와 같은 주제를 시상 하부 및 변연계와 연관 지어 이야기하는 부분에서 그가 앞서 한 주장들을 좀 더 충분히 혹은 자세히 개진하지 못했다는 점이다. 둘째로, 그의 논의가 지나치게 제한적이라는 것이다. 왜 일반 인식이 아니라 "자기 인식"인가? 왜 감정과 관련된 뇌의 일부분인가? 왜 신경 조절과 인식의 체계 전체가 아닌가? 왜 윤리와 인식론에 대해서만 이야기하는가?

좀 더 최근에 데이비드 슬로언 윌슨(David Sloan Wilson, 에드워드 윌슨과 친척 관계 아님)은 지식과 진화 이론 사이의 연관성을 좀 더 일반적인 관점에서 탐구했다. 그는 자연 선택이 인간을 비롯한 생명체에서 유전자의 생존에 기여하는 감각 기능과 인식 능력은 선호하고 유지시켰으나 사물의 실재에 대한 직관은 부여하지 않았음을 지적했다. 생존에 요긴한 반응을 이끌어 낼 수 있는 인식이면 충분하다. 우리 조상들은 평생 동안 자신이 태어난 곳으로부터 며칠 동안 걸어서 갈 수 있는 범위 내에서 활동했고 망원경을 통해 천체를 관찰해 본 적도 없었다. 그들은 아마 지구는 평평한 원반이고 창공은 하늘의 물체들이 정해진 길을 따라 매일 운행하는 둥근 천장이라고 생각했을 것이다. 이것은 대체로 유용한 세계관이었으며 생존이나 번식, 자손 양육과 관련해서 실질적인 문제들을 조금도 야기하지 않았다.

감각 기관뿐만 아니라 뇌의 처리 기구도 다름 아닌 유전자의 성공에 기여하기 위해 존재한다. 우리의 뇌는 천체나 지구가 실제로 어떠한지 알 수 있도록 진화되지 않았다. 우리 자신에 대해, 그리고 우리가 살아가고 있는 주변에 대해 생각하는 모든 능력과 감각도 마찬가지로 제한돼 있다. 어떤 사고가 자연 선택에 의해 선호되기 위해서는 우리의 생존과 번식을 돕는 유용한 결론을 끌어낼 수 있기만 하면 된다. 논리적인 문제에 정식으로 옳은 답을 내놓을 필요는 없다.

최근의 심리학자들, 특히 레다 코스미데스(Leda Cosmides)와 존 투비(John Tooby) 부부 연구팀이 이러한 통찰에서 가장 두드러진 연구 성과를 올리고 있다. 그들의 연구는 인간의 사고 과정이 형식 논리로 보아서는 분명히 틀린 것이어도 직관적으로는 옳고 쓸모 있는 결론을 내린다는 것을 보여 준다. 이것은 논리적으로 옳은 해답이 덜 유용할 때 거의 틀림없이 그렇다. 예를 들면, "러시안 룰렛을 하면 죽는다."라는 말은 논리적으로 맞지 않는다(Russian roulette, 보통 6개의 총알을 넣을 수 있는 총에 총알을 1개만 넣고 탄창을 돌려 가며 자기 머리에 대고 쏘는 게임. 단방에 죽을 확률은 6분의 1, 약 17퍼센트에 불과하다.—옮긴이). 그래서 그 게임을 피하는 것은 논리적으로 정당화되지 못한다. 말할 필요도 없이 현실적으로는 되도록 피하는 것이 좋다. 더 재미있는 발견은 똑같이 풀기 쉬워 보이는 비슷한 형식의 문제와 관련이 있다. 코스미데스와 투비는 문제를 쉽게 푸는 것이 논리적으로 그 문제와 직접적인 관련이 없는 세부 사항에 크게 좌우된다는 점을 발견했다. 사람들은 어떤 특정 종류의 인간관계에서 오는 심리적인 만족감을 주는 문제를 훨씬 잘 해결한다. 사회적 관계에서 부당하게 착취당하지 않고자 경계할 때, 예를 들면 직장 동료가 하기 싫은 일을 피하려는 구실로 아픈 척하는 경우, 부당하다는 감정적 짐이 없는 상태에서보다 같은 형식의 문제를 훨씬 쉽고 빠르게 해결한다는 것이다.

인간의 사고 과정이 지닌 근본적인 한계는 아마도 시간의 경과에 대한 직관적 인식에서 가장 심각할 것이다. 우리는 직관적으로 절대적인 현재가 가까운 미래를 부단히 바로 전의 과거로 변환시키는 것을 명백하게 받아들인다. 시간의 개념에 대한 물리학은 최근 일반 독자들을 위한 교양 서적들을 통해 널리 알려져 물리학 전공자가 아닌 사람들에게까지 관심을 끌고 있다. 현재 물리학자들은 시간이란 하나의 기본 개념이며 총 엔트로피에서 시간 척도의 한 부분은 다른 부분과 다르다는 것을 인지하고 있다. Y=f(t) 형태로 된 모든 방정식을 생각해 보라. 물리학자들은 실험적으로나 이론적으로나 과거와 미래 사이를 가르는 현재라는 개념을 뒷받침해 줄 아무런 증거도 찾지 못했다.

우주는 간단히 말해 역사 문헌과 같은데, 하나가 앞서면 하나가 뒤따르는 것처럼 예측 가능한 방식으로 서로 다른 장들이 연속되어 있으나 다만 어디까지 읽었는지 표시할 책갈피가 없는 것이다.

이러한 상상은 극단적인 결정론 중 하나이다. 미래는 앞서 흘러간 과거에 의해 미리 결정되어 있을 뿐만 아니라 어떻게 보면 이미 거기에 있다. 물론 이런 시각은 도전받을 것이고, 아니 이미 도전받고 있으며 미래에는 크게 달라질 것이 분명하다. 나는 또한 역사에 대한 비유가 어떤 지침이 될 수 있다면 물리학자들이 제공하는 시간의 미래 개념이 지금까지보다 더 직관적으로 받아들여지기 어려울 것이라 생각한다. 나는 현재에 대한 직관적 감각의 문제에 해답을 구하는 기초가 마련되기를 고대한다. 『시간에 대하여(*About Time*)』(1995년)에서 저자 폴 찰스 윌리엄 데이비스(Paul Charles William Davies)는 "물리학은 언젠가 왜 우리가 현재라고 부르는 고정 관념을 갖게 되었는지, 그리고 왜 현재가 역사의 기록을 통해 나아가고 있다고 생각하게 되었는지를 설명해 줄 것이다."라고 기대한다.

데이비드 윌슨의 생각에 이어 나는 우리가 왜 그러한 직관적 인식을 지니고 있는지를 자신 있게 이야기할 수 있다. 그것이 유전적 성공에 도움이 되었기 때문이다. 이러한 개념이 과학적으로 유용하기 위해서는 일종의 공식화가 필요하지만 나로서는 그 일을 할 수 없다. 여기서 공식화란 구체적으로 기술된 연구들이 어떤 결과를 가져올지를 예상하게 해 주는 이론적 모델을 말한다. 데이비드와 마찬가지로 나도 인간의 시간 개념에 대한 연구가 진보하기를 진정으로 희망하지만, 다만 이 문제는 물리학자가 아닌 생물학자에 의해 해결될 것이라 생각한다. 물리학적 시간 개념과 자연 선택의 생물학적 원리, 둘 다를 이해하고 있고 그것들을 함께 묶어 이 장의 도입부에서 인용했던 앨리스의 제약을 설명할 수 있는 영특한 젊은 생물학자에게서 그러한 해결책이 나올 것이다.

영역들의 혼합

도서관은 인간이 자연을 관찰하고 거기에서 무엇을 배워야 하는지를 추론해 내는 글들로 가득 차 있다. 그런 책의 저자들은, 한 뛰어난 과학사가의 표현에 의하면 "'—이다'에서 '—이어야 한다'로 은근슬쩍 넘어간다." 철학자 데이비드 흄은 200년도 더 전에 이런 비약들을 질타했다. 이것은 '흄의 법칙(Hume's law)'이라고 불리기도 하는데 서술적인 전제에서 도덕적인 지령이 연역될 수 없음을 말한다. 그러나 그의 법칙이 그토록 분명하게 자주 확인되고 인용되는데도, 긴 논문에서는 예외 없이 깨져 버리며 그 미끄러운 비약이 교묘하게 위장된다.

흄을 비롯한 학자들이 반대한 미끄러운 비약(lubricious slide)은 영역 혼합(domain mix)이라고도 불릴 수 있는 좀 더 일반적인 오류의 특수한 경우이다. '영역'이란 물질적 세계와 같이 존재의 한 단면으로, 기존에 인정되고 있는 기술어들을 써서 논의될 수 있다. 길이나 질량 같은 것이 적절한 물질적 기술어에 포함된다. 그러한 몇몇 용어들로부터 질량에 비례하고 길이의 세제곱에 반비례하는 밀도와 같은 것들을 정의할 수 있다. 우리는 새로운 용어들을 만들어 내고 그것들을 사용하여 물리적 결과들, 예를 들면 자기장 내에서 운동하는 물체의 궤적 같은 것을 도출해 낼 수 있다. 그러나 한 영역에 고유한 용어를 다른 영역에서의 결과를 유도해 내는 데 쓸(이것이 영역 혼합이다.) 수는 없다. 예를 들면 우리는 물리적인 전제로부터 도덕적인 결론을 이끌어 낼 수는 없다(흄의 법칙).

그렇다면 얼마나 많은 영역이 있어야 할까? 나는 잠정적으로 표에 나타나 있듯이 물질 · 도덕 · 정신 · 정보(codical)인, 4개의 영역을 제안한다. 끝없이 일어나는 혼란은 사람들이 영역을 혼합하는 행위에서 비롯된다고 본다. 시간은 모든 영역에서 필수 기술어이기 때문에 다른 영역 사건들의 전후 관계를 결정하기 쉽게 해 준다. 하나의 메시지(정보)는 그것이 인식되기 전에 보내질 수 있고(정신), 그러고 나면 어떤 행동이 뒤따른다(물질). 한 영역에서 일어난 사건을 다른 영역의 전제로 설명하거나 유추할 때에는 시간적 순서 이상을 필요로 한다. 즉 잠정적으로 순차가 정해진 사건들 자체에 적용될 수 있는 기술어가 필요하다.

정보 영역은 라틴어에서 문서를 뜻하는 codex에서 왔다. 생물학에서의 토론은 물질 개념과 정보 개념을 제멋대로 혼합해 혼란을 일으키곤 한다. 예를 들면 유전자라는 용어는 경우에 따라 DNA 분자(물질적 대상)에 사용되기도 하고 그 분자의 염기쌍에 의해 암호화된 메시지의 뜻으로 사용되기도 한다. 유전자라는 용어는 메시지란 뜻으로 쓰이는 것이 가장 적합하며 DNA는 그런 메시지가 기록되는 물리적 매체로 이해하는 것이 좋다.

표 5 영역에 따른 기술어의 분류

물질	도덕	정신	정보
시간	시간	시간	시간
질량	선	결정	보드(baud)
색	악	놀라움	바이트
힘	양심	희망	정확성
전하	덕	지각	중복
길이	부덕	지식	편집
산성도(PH)	죄	신뢰	문장

하나의 메시지는 종이에 인쇄되거나 오디오 테이프에 자기(magnetic) 패턴으로 암호화되는 것처럼 하나 이상의 매체로 표현될 수 있다. 유전자도 RNA나 단백질 혹은 요즘에는 (2장에서 나온 예와 같이) 종이에 쓰인 A, C, G, T라는 문자 서열과 같은 매체로 표현될 수 있다. 그러나 아무리 다양한 매체를 통해 표현된다 하더라도 메시지는 같다.

물질 · 정보 · 정신 영역, 3개 영역의 혼합이 근래에 성행하고 있다. 신경 세포의 막을 통한 전하 전달이나 호르몬 분자가 신경 말단에서 상호 작용하는 것과 같은 신경 세포의 생리학적 과정에 관한 논의로 시작했다가, 이내 신경 세포에 의해 수행되는 고도로 정교한 정보 처리 과정을 설명하기 위해 정보 영역으로 미끄러져 들어가는 연구 논문들이 도서관에 가득하다. 매체를 말하고 있는지 메시지를 말하고 있는지 분명히 하는 경우는 드물다. 그러고는 복잡한 문장을 써서 즐거움이나 괴로움 등 정신 영역에나 적합한 개념들에 대한 토론으로 구렁이 담 넘어가듯 은근슬쩍 넘어가 버린다. 그런 비논리적인 비약을 하고도 저자들은 정신 현상에 생리학적 해석을 제공했다고 주장한다.

영역 혼합을 피하는 것은 쉽지 않은데, 왜냐하면 표에 나와 있는 것과 같은 일상적 용어는 흔히 하나 이상의 영역에서 사용되고 있기 때문이다. 짐이란 대개 킬로그램의 단위로 측정될 수 있는 것으로 물질적인 개념이라고 보는 것이 적합하다. 그렇다면 4장에서 거론한 고뇌의 짐은 어떻게 할 것인가? 이것은 분명히 은유적으로 사용된 것이며 아무도 고뇌를 킬로그램으로 재보려 시도하지는 않는다. 불행하게도 널리, 일반적으로 통용되는 그런 은유적인 표현들이 영역 간의 미끄러운 비약을 촉진시킨다.

어느 단어가 문자 그대로의 의미로 쓰였는지 은유적인 의미로 사용되었는지 결정하는 것은 쉽지 않기 때문에 이 문제는 생각보다 꽤 까다롭다. 나도 사실은 표에 그에 해당하는 것을 슬쩍 하나 넣어 두었다. 죄(guilt. 영어에서 이 단어는 죄, 죄의식, 유죄 등을 의미한다.—옮긴이)는 사람이 피해야 할 그 어떤 것일 뿐 아니라 (도덕) 자신에 대해 갖는 감정일 수도 있고(정신) 재판에서의 배심원 평결처럼 공적인 판단일 수도 있다. 내 개인적인 취향을 말하자면, guilt는 대체로 정신적 현상이며 도덕 · 정보 영역에서는 은유적으로만 사용될 수 있다.

앞서 나는 에드워드 윌슨이 인간 본성과 현재 인간의 상태를 이해하기 위해 자연 선택 이론을 이용한 것에 대해 부적절하다고 느껴지는 점을 비난했다. 이제 똑같은 작업을 내 손으로 직접 해 보니, 그렇게까지 비판적일 수만은 없게 되었다. 그것은 어느 누구도 완성 같은 것은 기대할 수 없는, 대단히 도전해 볼 만한 작업이다. 우리는 시도를 해 볼 뿐이며 또 그래야만 한다. 자연 선택은 우리 인간을 포함한 생물 세계에서 대단히 중요한 과정으로, 모든 생물 종은 자연 선택에 전적으로 의존하고 있다. 진화 생물학의 발달과 적용은 의학과 환경 문제와 가장 관련이 깊을 테지만 사실 인간 생활의 어떤 부분도 진화에 대한 이해가 필수적이지 않은 곳이 없다.

참고 문헌과 주석

감사의 말

1. 적응주의 프로그램이라는 용어는 Stephen Jay Gould와 Richard C. Lewontin의 논문 "The spandrels of San Marco and the panglossian paradigm: A critique of the adaptationist program," in *Proceedings of the Royal Society* (London) B 205 (1979):581~598에서 비난조로 처음 사용되었다.

머리말: 자연에서의 목적과 계획

2. Schliemann의 고대 트로이에 대한 탐색은 그가 예상했던 것 이상의 성과를 가져다주었다. 트로이의 발견으로 트로이가 여러 세력에 의해 점령당했던 사실이 밝혀진 것이다. 그중에서 어떤 것이, 만약 있다면, 프리아모스 왕(King Priamos)의 도시였는지는 확실치 않으며 그 부근에 발굴 현장들이 여러 번 세워졌으나 Schliemann의 유적지나 그곳과 아주 가까운 지역이 호메로스(Homeros)의 전설에 나오는 곳일 가능성이 크다. 기존의 이용 가능한 증거들을 바탕으로 한 Schliemann의 추론이 중대한 고고학적 발견을 촉진시킨 것이다.

1장 적응주의 이야기

3. 발리노르의 나무는 J. R. R. Tolkien의 *The Silmarilion* (Boston: Houghton

Mifflin, 1977)의 1장에 등장한다. William Paley 책의 원제목은 *Natural Theology* (London: Charles Knight, 1836)이다. 인용된 구절은 그 책의 3장에서 따왔으며, 시계 비유는 1장에 나와 있다. Paley의 신학적 해석은, Darwin의 자연 선택 이론에도 영향을 주었듯이, Richard Dawkins가 그의 책 *The Blind Watchmaker* (New York and London: Norton, 1986)의 제목을 짓는 데에도 영감을 주었다.

4. Galenos의 인간 손에 대한 논의는 *The Usefulness of the Parts of the Body*, trans. M. T. May (Ithaca, N. Y.: Cornell University Press, 1968)의 6장에 나와 있다.
5. 낚싯바늘의 유래는 Guóni Þorsteinsson의 *Veióar og Veioarfæri* (Reykjavík: Almenna Bókafélagió, 1980)에 자세히 기술되어 있다.
6. J. W. Hastings의 주둥치류에 대한 논문은 *Science* 173 (1971: 1016~1017)에 발표되었다. 그 논문에 인용된 Karl R. Popper의 이론은 *Studies in Philosophy of Biology*, ed. F. J. Ayala and Theodosius Dobzhansky (Berkeley: University of California Press, 1974)에 실려 있는 그의 논문에서 발췌되었다. Ernst Mayr의 글은 "How to carry out the adaptationist Program" (*American Naturalist* 121, 1983: 324~334)의 328쪽에 나와 있다. Stephen Jay Gould의 글은 *Sociobiology: Beyond Nature/Nurture?*, ed. G. W. Barlow and J. Silverberg (*AAAS Selected Symposium* 35, 1980: 257~269)에 나오는 "Sociobiology and the theory of natural selection"이다. Mark Twain의 "A Double-Barreled Detective Story"는 자주 재판되고 있다. 그중 하나는 *The Complete Short Stories of Mark Twain*, ed. Carles Neider (New York: Doubleday, 1957)이다.
7. Conant 책의 제목은 *On Understanding Science* (New Haven, Conn.: Yale University Press, 1947)이다.

2장 기능적인 설계와 자연 선택

8. Hutton의 글은 수없이 인용되었다. 예를 들면 Konrad Krauskopf, *Fundamentals of Physical Science* (New York: McGraw-Hill, 1953)의 560쪽에도 인용되어 있다.
9. 비둘기 그림은 다음 책에 나와 있는 설명과 삽화에 기초하고 있다. August Weismann, *Evolution Theory* (Londom: Arnold, 1904)와 H. P. Macklin, *A*

Handbook of Fancy Pigeons (Palma de Mallorca, Spain: Divers Press, 1954)와 Wendell M. Levi, *Encyclopedia of Pigeon Breeds* (Jersey City: T. F. H. Publishers, 1965)가 그것이다.

10. *The Voyage of the Beagle*은 Darwin 자신이 박물학자로서 비글호에 승선했던 이야기를 기록한 것으로 누구나 한번쯤 읽어 볼 만한 책이다. Darwin의 책들은 수없이 재판되었는데, 이 책도 마찬가지이다.

11. Darwin의 핀치 그림은 이 주제에 관한 고전이라 할 수 있는 David Lack과 *Darwin's Finches* (Cambridge: Cambridge University Press, 1947) 19쪽에서 빌려 왔다. 현대적으로 멋지게 수정한 것은 P. R. Grant가 지은 *Ecology and Evolution of Darwin's Finches* (Princeton, N. J.: Princeton University Press, 1986)에서 따왔다. Jonathan Weiner의 *The Beak of the Finch* (New York: Knopf, 1994)도 이 주제에 대해 아주 잘 쓴 책이다.

12. Wallace의 논문은 *A Delicate Arrangement*, ed. A. C. Brackman (New York: Times Books, 1980)의 210~227쪽에 재인쇄되어 있다. Endler의 책은 Princeton Univertsity Press에서 1986년에 발행한 것이다. Darwin의 성 선택 이론은 그의 고전 *The Descent of Man, and Selection in Relation to Sex* (New York: Appleton, 1871)에 소개되었다. 성 선택에 관한 현대의 가장 뛰어난 연구는 Malte Andersson의 *Sexual Selection* (Princeton, N. J.: Princeton University Press, 1994)이다. 성 선택 이론의 식물학적 적용에 관한 것은 Mary F. Willson과 Nancy Burley의 *Mate Choice in Plants* (Princeton, N. J.: Princeton University Press, 1983)에 자세히 기술되어 있다. 동물계에서의 사회적 지위에 대한 선택을 연구 발표한 가장 대표적인 논문은 Mary Jane West-Eberhard의 "Sexual selection, social competition and speciation" (*Quarterly Review of Biology* 58, 1983: 155~183)이다. 다윈주의의 역사, 특히 자연 선택과 성 선택에 대한 Darwin의 생각은 Helena Cronin이 주의 깊게 연구하고 빼어난 글로 써서 발표한 *The Ant and the Peacock* (New York: Cambridge University Press, 1991)에 잘 정리되어 있다. 인시티투스(Incititus)에 관한 정보는 Robert Graves의 *I, Claudius* (New York: Knopf, 1934)에서 얻었다.

13. H. C. Bumpus의 참새에 관한 논문은 "The elimination of the unfit as illustrated by the introduced sparrow" (*Biol. Lett. Mar. Biol. Woods Hole* 11, 1896~

1897: 209~226)이다.

14. Hume의 구절은 *The Essential David Hume* (New York and Toronto: New American Library, 1969)의 297쪽에서 따왔다. 생활사에 관한 이론을 발표한 뛰어난 논문들이 많이 있다. 그중 추천할 만한 두 편은 다음과 같다. Stephen C. Stearns, *The Evolution of Life Histories* (New York: Oxford University Press, 1992)와 Eric L. Charnov, *Life History Invariants* (New York: Oxford University Press, 1993)가 그것이다. 약탈의 극대화 이론은 동물 행동학에 관한 최근의 많은 논문들에서 언급하고 있다. 예를 들면 John Alcock의 *Animal Behavior*, 5th ed. (Sunderland, Mass.: Sinauer Associates, 1993)가 있다.

15. 인용되어 있는 Milkman의 구절은 그의 책 *Perspectives on Evolution* (Sunderland, Mass.: Sinauer Associates, 1982)의 6장을 시작하는 서두이다. 자연 선택이 개체보다 높은 수준의 집단에서 작용할 가능성은 여러 논문에서 언급했다. 그중에서 *Natural Selection* (New York: Oxford University Press, 1992)의 3장을 추천한다.

16. 유전학의 역사는 Elof A. Carlson의 *The Gene: A Critical History* (Iowa City: Iowa State University Press, 1989)에 알기 쉽게 정리되어 있다. Watson과 Crick의 그 유명한 논문 제목은 "Molecular structure of nucleic acids" (*Nature* 171, 1953: 737~738)이다.

17. 개체군 유전학에 대한 개론은 J. Maynard Smith의 *Evolutionary Genetics*, (Oxford: Oxford University Press, 1989)에 잘 정리되어 있다. 말의 털색과 같은 정량적인 특성의 변화 속도를 가장 깊이 있게 다룬 것은 Russell Lande의 "Natural selection and random genetic drift in phenotypic evolution" (*Evolution* 30, 1976: 314~334)이다. 척추동물의 눈의 빠른 진화 가능성은 Richard Dawkins의 *River Out of Eden* (New York: Basic Books, 1995)에 설명되어 있다.

3장 무엇을 위한 설계인가?

18. Aristotles가 말한 구절은 *Aristotle: Parts of Animals*, trans. A. L. Peck (Cambridge, Mass.: Harvard University Press, 1955)의 103쪽에서 따왔다. 여

기에서 말한 교과서는 Tracy I. Storer의 *General Zoology* (New York and London: McGraw-Hill, 1943)이다.

19. 포괄적인 적응도와 혈연 선택의 개념은 William D. Hamilton이 그의 논문 "The genetical evolution of social behavior"(*Journal of Theoretical Biology* 7, 1964: 1~52)에서 밝혔다.
20. 사회성 곤충에 관한 가장 깊이 있고 권위 있는 연구는 역시 E. O. Wilson의 *The Insect Societies* (Cambridge, Mass.: Harvard University Press, 1971)이다. 같은 주제에 대한 최근의 연구 중 뛰어난 것은 Andrew F. G. Bourke와 N. R. Franks의 *Social Evolution in Ants* (Princeton, N. J.: Princeton University Press, 1995)이다. Darwin도 사회성 곤충에 대하여 연구했는데, 언급한 대로 그의 이론이 적용되지 않는 데 대한 상당한 불안감을 *The Origin of Species*의 8장에 토로했다. 참고로 Helena Cronin의 *The Ant and the Peacock* (Cambridge: Cambridge University Press, 1991)의 298~299쪽에 실린 그녀의 논평도 도움이 될 것이다.
21. 초유기체의 개념은 Thomas D. Seeley의 "The honey bee colony as a superorganism"(*American Scientist* 77, 1989: 546~553)에 잘 소개되어 있다. James L. Gould와 Carol G. Gould가 지은 *The Honey Bee* (New York: Scientific American Library, 1988)도 이 주제를 다루고 있는데 덜 전문적이면서 많은 삽화를 통해 이해를 돕고 있다.
22. 진화의 문제에 게임 이론을 처음 적용한 논문은 J. Maynard Smith의 *Evolution and the Theory of Games* (New York: Cambridge University Press, 1982)이다. 성비에 관한 가장 유명한 연구는 Eric L. Charnov의 *The Theory of Sex Allocation* (Princeton, N. J.: Princeton University Press, 1982)이다. 물개 번식에 대한 논의는 Richard Dawkins의 *River Out of Eden* (New York: Basic Books, 1995)의 106~110쪽에 나와 있다.
23. 동물 집단이 최적의 크기보다 커지는 경향은 R. M. Sibly의 "Optimal group size is unstable"(*Animal Behavior* 31, 1983: 947~948)과 M. Higashi and N. Yamamura, "What determines animal group size? Insider-outsider conflict and its resolution" (*American Naturalist* 142, 1993: 553~563)에 지적되어 있다.

4장 적응적인 신체

24. Dawkins의 청사진과 요리법 비유는 *The Extended Phenotype* (Oxford and San Francisco: Freeman, 1982)의 175쪽과 *The Blind Watchmaker* (New York and London: Norton, 1986)의 294~298쪽에 나와 있다.
25. Stuart Kauffman의 *The Origins of Order* (New York: Oxford University Press, 1983)에는 생물들이 자연적으로 일어나는 작용을 이용하는 방법을 특히 강조하면서 발생의 분자적 메커니즘과 일반적인 문제점들에 대한 기초적인 설명이 잘 나와 있다.
26. Maynard Smith의 인용구는 그의 저서 *The Problems of Biology* (Oxford: Oxford University, 1986)의 9장에서 따왔다.
27. 중세기의 일반 생물학 교과서는 예외 없이 생기론과 기계론의 논쟁을 다루었으나, 오늘날의 생물학 책 저자들은 생기론이라는 말을 들어 본 적조차 없는 것 같다. 이것을 자세히 취급한 책은 역사가나 철학자들이 쓴 것으로, 예를 들면 Elliott Sober의 *Philosophy of Biology* (Boulder, Colo.: Westview Press, 1993)의 22~24쪽 내용 같은 것이 있다. 동물의 정신이라는 개념과 생물학의 연관성은 D. R. Griffin의 연구들이 가장 출중한데, 그의 최신 저서는 *Animal Minds* (Chicago: University of Chicago Press, 1992)이다. 정신론은 생기론의 일종이라는 믿음은 나의 저서 *Natural Selection* (New York: Oxford University Press, 1992)의 3~5쪽과 *Oxford Surveys in Evolutionary Biology*, vol. 2 (1985)의 21~24쪽에 자세히 서술되어 있다. 나는 유인원이 상징 언어를 사용할 능력이 있다는 것을 Steven Pinker의 *The Language Instinct* (New York: Morrow, 1994) 337~342쪽에 제시된 것과 같은 이유로 믿지 않는다.
28. Carlson과 Johnson이 집필한 교과서의 제목은 *The Machinery of the Body* (New York: Morrow, 여러 판, 1938~1953)이다.
29. 근육 수축과 신경 전달의 메커니즘에 대해서는 수많은 훌륭한 생물학 교과서에 아주 자세히 설명되어 있다. 예를 들면 William K. Purves, Gordon H. Orians, and H. Craig Heller, *Life: The Science of Biology* (Sunderland, Mass.: Sinauer Associates, 1992)의 824~834쪽 내용이 있다. R. McNeill Alexander의 *The Human Machine* (New York: Columbia University Press, 1992)은 인간 신체의 기계적인 작용을 아주 이해하기 쉽게, 그리고 자세히 다루고 있다. 특히

2장 "손 조작(Handling)"을 읽을 것을 권한다.

30. 정신과 뇌의 관계 연구의 문제점으로 둘 사이에 공통적으로 사용될 수 있는 기술어가 없음을 철학자들이 많이 논하고 있다. 이 문제를 이해하기 쉽게 잘 소개한 책은 P. M. Churchland, *Matter and Consciousness* (Cambridge, Mass.: MIT Press, 1988)이다. 흡혈귀에 대한 자료는 *The Guinness Book of Records* (New York: Facts on File, 1994)의 63쪽에서 빌려 왔다. George Liles의 인용구의 원전은 "Why is life so complex?" (*MBL Science* 3: 9~13)이다.

31. 미토콘드리아가 수행하는 물질대사는 어느 교과서에도 나와 있는 기본이다. W. K. Purves와 공동 연구자들이 쓴 *Life* (Sunderland, Mass.: Sinauer Associates, 1995)에 최신 연구까지 알기 쉽게 설명되어 있다.

32. 한 세포 내에서 일어나는 여러 형태의 대립과 협동에 대한 연구들은 Laurence D. Hurst와 공동 연구자들이 "Genetic conflicts" (*The Quarterly Review of Biology* 71, 1996, 근간)에서 잘 정리했다.

5장 성은 왜 있을까?

33. Maynard Smith의 논문은 *Journal of Theoretical Biology* 30(1971: 319~335)에 실려 있다. 참고로 인용된 책은 그가 지은 *The Evolution of Sex* (London: Cambridge University Press, 1978)이다.

34. 유전자 교정과 그 외 다른 요소들과 관련하여 성의 기원을 논한 책은 *The Evolution of Sex*, ed. R. E. Michod and B. R. Levin (Sundeland, Mass.: Sinauer Associates, 1988)이다. 특히 2, 3, 9, 12장을 읽기를 권한다.

35. 난자와 정자가 구별되기 시작한 기원에 대한 대표적인 논문은 G. A. Parker와 공동 연구자들이 쓴 "The origin and evolution of gamete dimorphism and the male-female phenomenon" (*Journal of Theoretical Biology* 36, 1972: 529~553)이다.

36. 암수한몸의 장점에 대한 자세한 설명은 Michod와 Levin이 쓴 *The Evolution of Sex*의 1장과 17장에 잘 기술되어 있다. E. L. Charnov, J. Maynard Smith, and J. J. Bull의 *Why Be an Hermaphrodite?*는 (*Nature* 263 1976: 125~126)에 발표되었다.

37. 크기의 이득이라는 가설은 Michael T. Chiselin, "The evolution of

hermaphroditism among animals" (*The Quarterly Review of Biology* 44, 1969: 189~208)에서 처음 정립되었다. 그 이후 많은 최신 논문들에서 더욱 깊이 연구되고 있다.

38. 성비 이론과 그와 관련된 주제에 대한 가장 깊이 있는 연구는 E. L. Charnov의 *The Theory of Sex Allocation*(Princeton, N. J.: Princeton University Press, 1982)이다.

39. 암수 성의 다른 크기와 수컷의 왜소화 현상에 대해 가장 완벽하게 정리한 것은 Michael T. Ghiselin의 *The Economy of Nature and the Evolution of Sex* (Berkeley: University of California Press, 1974) 중 특히 193~212쪽 내용이다.

6장 인간의 성과 번식

40. 젖 떼는 시기의 대립과 일반적인 혈연 사이의 대립에 대한 대표적인 연구는 R. L. Trivers, "Parent-Offspring Conflict" (*American Zoologist* 14, 1974: 249~264)이다. David Haig의 연구 논문은 "Genetic Conflicts in Human Pregnancy" (*The Quarterly Review of Biology* 68, 1993: 495~532)이다.

41. Margie Profet 이론의 뼈대는 "The evolution of pregnancy sickness as protection to the embryo against Pleistocene teratogens" (*Evolutionary Theory* 8, 1988: 177~190)에 처음으로 발표되었다. *The Adapted Mind*, ed. J. H. Barkow, L. Cosmides and J. Tooby (New York: Oxford University Press, 1992)의 8장에는 이 이론이 더욱 심도 있게 논의되어 있다. Profet의 책 *Protecting Your Baby-to-Be: Preventing Birth Defects in the First Three Months of Pregnancy* (Reading, Mass.: Addison-Wesley)는 1995년에 발간되었다.

42. Symons의 책은 Oxford University Press에서, Hrdy의 책은 Harvard University Press에서 각각 출판되었다. 이들 저자들은 *The Quarterly Review of Biology* 54 (1980: 309~314)와 57 (1982: 297~300)에 서로의 연구에 대하여 건설적인 비평 논문들을 실었다. 다양한 인간 사회에서 배우자 선택에 영향을 주는 요인에 대한 이전의 문헌들을 소개하고 논하는 최근의 글은 Randy Thornhill과 그의 공동 연구자들이 쓴 "Human female orgasm and mate fluctuating asymmetry" (*Animal Behavior* 50, 1995: 1601~1615)와 Barkow, Cosmides,

Tooby의 공저 *The Adapted Mind*의 5장에 David Buss가 쓴 것이 있다. Symons의 최근 연구는 *Theories of Human Sexuality*, ed. J. H. Geer and W. T. O' Donohue (New York: Plenum, 1987)의 91~124쪽에 실려 있다.

7장 노화와 그 외 결함들

43. 노화에 관한 논리 정연하고 깊이 있게 다룬 연구는 M. R. Rose의 *Evolutionary Biology of Aging*(New York: Oxford University Press, 1991)과 Caleb Finch의 *Longevity, Senescence, and the Genome* (Chicago: University of Chicago Press, 1991)이다.

44. 연령과 관련한 선택의 효과에 대한 감탄할 만큼 명쾌한 결론이 영국의 노벨상 수상자 P. B. Medawar에 의해 1952년 *An Unsolved Problem in Biology* (London: H. K. Lewis)에 실렸다. 이 이론에 대한 고도의 수학적 계산식은 William D. Hamilton이 "The moulding of senescence by natural selection" (*The Journal of Theoretical Biology* 12, 1966: 12~45)에서 개발했다. Hamilton은 선택의 효과가 생존율과 번식값의 곱에 비례함을 처음으로 명확하게 밝혔다. 또한 그는 어떤 집단에서든지 영원한 젊음은 불안정하다는 것을 증명해 보였다. 기하급수적으로 증가하는 번식력만이 노화의 진화를 회피할 수 있다. 노화 측정의 어려움에 대한 상세한 고찰은 *The Evolution of Longevity in Animals*, ed. A. D. Woodhead and K. H. Thompson (New York and London: Plenum, 1987) 중 G. C. Williams와 P. D. Taylor가 쓴 장(235~245쪽)에 실려 있다.

번식값에 대한 개념은 R. A. Fisher가 그의 책 *The Genetical Theory of Natural Selection* (Oxford: Clarendon Press, 1930)의 2장에서 처음 소개했다. 개념을 단순화하기 위하여 이 장에서는 사춘기에 이르자마자 완전한 성적 성숙에 이른다는 부정확한 가정을 했다. Fisher는 1911년의 오스트레일리아 여성의 번식력과 생존율로부터 실제 번식값을 계산했다. 그의 그래프 곡선도 나의 그래프에서처럼 0세에서 2 값으로 시작했다. 그러나 내가 가정했던 석기 시대 집단과는 달리 오스트레일리아 여성 집단은 빠르게 성장하고 있었으며, 어느 연령대에서나 훨씬 낮은 사망률을 보였다. 그러므로 그의 그래프는 18세에서 2.8로 정점을 이루었다가 50세 정도에서 갱년기를 맞아 1로 떨어졌다. 노화를 이해하는 데 이용되려면, 출산이 예정된 아기의 수를 나타내는 Fisher의 '번식값'은, 한 개체가 후손대에 자신의 유전자를 전달하는 능력의 측정치인 '유전적 가치(genetic value)'로 대치되어야 한다. 갱년기 이후의 여성이 친척들과 나누어 먹을 음식을 모으거나 친척들을 도울 수 있다면 그들은 꽤 유전적 가치를 갖는다고 할 수도 있다.

45. 석기 시대에서나 현대의 부족 사회에서나 영아가 성숙할 때까지 생존할 확률을 정확하게 측정할 수 없는 것은 당연하다. 이 주제에 대한 최근의 연구는 *Hunter-Gatherer Demography, Past and Present*, ed. Betty Meehan and Neville White (Sydney, Australia: University of Sydney Press, 1990)에 잘 집약되어 있다. 영아 사망률, 특히 영아 살해에 의한 사망률은 대개 과소평가되어 오다 근래에 이르러 그 중요성이 인식되기 시작했다. Glenn Hausfater와 Sarah B. Hrdy의 *Infanticide: Comparative and Evolutionary Perspectives* (New York: Aldine, 1984)를 참고하라. 그보다 더 최근에 발표된 논문은 Hrdy와 공동 연구자들이 쓴 "Infanticide: Let's not throw out the baby with the bath water" (*Evolutionary Anthropology* 3, 1995: 149~151)이다.

46. Cannon의 책은 Norton(New York) 출판사에서 발간되었고, Estabrook의 책은 Macmillan(New York) 출판사에서 발간되었다.

47. 영화 *African Queen*에 나오는 어구는 브루클린의 뉴욕 주립 대학 공중 보건 과학 센터의 John Hartung 박사의 조언에 따라 인용한 것이다.

8장 적응주의의 의학적 의미

신다윈주의의 의학적인 의미는 Randolph M. Nesse와 George C. Williams의 *Evolution and Healing: The New Science of Darwinian Medicine* (London: Weidenfeld & Nicolson, 1995)에 자세히(그러나 대단히 부적합하게) 논의되어 있다. 이 책은 미국에서 *Why We Get Sick* (New York: Times Books, 1995)이라는 제목으로 발간되었다. 최근에 나온 일반 독자들을 위한 몇 권의 책들도 다윈주의의 견지에서 의학적인 문제를 다루고 있다. 예를 들면 H. Boyd Eaton과 공동 연구자들의 *The Paleolithic Prescription* (New York: Harper & Row, 1988)과 Paul. W. Ewald, *Evolution of Infectious Disease* (New York: Oxford University Press, 1994)와 Margie Profet, *Protecting Your Baby-to-Be:*

Preventing Birth Defects in the First Three Months of Pregnancy (Reading, Mass.: Addison-Wesley, 1995), 그리고 Marc Lappé, *Evolutionary Medicine: Rethinking the Origins of Disease* (San Francisco: Sierra Club Books, 1994)가 있다.

48. 초기 척추동물의 진화에 대해서는 여러 교과서에 기술되어 있다. 특히 Arnold G. Kluge, *Chordate Structure and Function*, 2nd ed. (New York: macmillan, 1977)의 2장에 잘 소개되어 있다.

49. Ewald의 논문은 *Journal of Theoretical Biology* 86 (1980: 169~176)에 발표되었다.

9장 적응주의의 철학적 의미

50. Tennyson의 인용구는 "In Memoriam"의 Canto 55에서 발췌했다. Lewis Carroll의 인용구는 *Through the Looking Glass*의 5장에서 따왔다.

51. Shaw의 인용구는 그의 *Back To Methuselah*의 서문에 나오는 "The Moment and the Man" 부분에서 따왔다. Huxley의 인용구는 Princeton University Press에 의해 *Evolution and Ethics*, James Paradis and G. C. Williams, editors (1989)에 복사된 1893년 연설의 84쪽에 나와 있다. Dawkins의 인용구는 *The Selfish Gene* (New York: Oxford University Press, 1976)의 215쪽에서 따왔다. 생물학적 현상에서 나타나는 사악함과 부도덕한 세계에서의 도덕의 가능성에 대한 좀 더 깊이 있는 내용은 Paradis와 Williams가 쓴 *Evolution and Ethics*의 179~214쪽에 나와 있다.

52. 인간과 동물 집단에서의 영아 살해에 대한 자료는 Sarah B. Hrdy, *The Langurs of Abu* (Cambridge, Mass.: Harvard University Press, 1977)와 Glenn Hausfater and Sarah B. Hrdy, *Infanticide: Comparative and Evolutionary Perspectives* (New York: Aldine, 1984)를 참고하라.

53. Lavick의 인용구는 Hrdy의 *The Langurs of Abu*의 3쪽에 나와 있다. 그녀의 논문 "Infanticide as a primate reproductive strategy"는 *American Scientist* 65의 40~49쪽에 실렸다.

54. 수태 과정의 복잡함은 R. J. Aitkin의 "The complications of conception" (*Science* 269, 1995: 39)과, 같은 호의 다른 논문들에서 논의되었다. 태아의 권리는

Bentley Glass가 *The Quarterly Review of Biology* 67(1992: 501~504)에서, H. J. Morowitz and J. S. Trefil이 *The Facts of Life* (New York: Oxford University Press, 1992)에서, James Rachels가 *Created from Animals* (Oxford: Oxford University Press, 1990)에서 현실적으로 고찰했다. Garrett Hardin의 "The Meaninglessness of the Word Protoplasm" (*Scientific Monthly* 82, 1956: 112~120)은 이 불운한 용어의 역사에서 결정적인 사건이었다. 혼합된 유전자형을 가진 사람에 대한 문헌은 Shigeki Uehara와 공동 연구자들의 *Fertility & Sterility* 63 (1995: 189~192)를 보라.

55. E. O. Wilson, *Sociobiology: The New Synthesis* (Cambridge, Mass.: Belknap Press of Harvard University Press, 1975).

56. D. S. Wilson과 공동 연구자들의 "Species of thought: A commentary on evolutionary epistemology" (*Biology and Philosophy* 5, 1990: 37~62).

57. Cosmides와 Tooby 연구에 대한 개요나 그와 관련된 연구는 J. H. Barkow, Leda Cosmides, and John Tooby eds., *The Adapted Mind* (New York: Oxford University Press, 1992)를 보라.

58. Paul Davies, *About Time* (New York: Simon & Schuster, 1995).

59. 그 뛰어난 과학사가는 R. J. Richards로, "미끄러운 비약(lubricious slide)"이란 말은 그의 책 *Darwin and the Emergence of Evolutionary Theories of Mind and Behavior* (Chicago and London: University of Chicago Pess, 1987) 73쪽에서 인용했다. '이다' 에서 '이어야 한다' 를 이끌어 내는 것에 대한 David Hume의 비난은 Michael Ruse의 *Taking Darwin Seriously* (New York and Oxford: Basil Blackwell, 1986)에 길게 인용되어 있다. 정신적 영역과 물질적 영역의 혼합에 대한 최근 이론은 Paul Churchland의 *Matter and Consciousness* (Cambridge, Mass.: MIT Press, 1988)에 대단히 명쾌하게 설명되어 있다. 사본적 영역과 물질적 영역의 사용에 대한 더 자세한 내용은 나의 저서 *Natural Selection* (Princeton, N. J.: Princeton University Press, 1992)에서, 특히 10~16쪽을 참고하라.

찾아보기

ㅈ

옮긴이 **이명희**

연세 대학교 생물학과를 졸업하고 카네기 멜론 대학교에서 석사 학위를, 서울 대학교 대학원에서 박사 학위를 받았다. 7차 교육 과정 과학 교과서 집필 위원을 지냈으며, 현재 연세 대학교에서 강의를 하고 있다. 『자연, 생명, 그리고 인간』(공저, 2000)을 썼고, 『풀하우스』를 비롯해 4권의 교양 과학서를 번역하였다.

사이언스 마스터스 17

진화의 미스터리 | 조지 윌리엄스가 들려주는 자연 선택의 힘

1판 1쇄 찍음 2009년 7월 21일
1판 1쇄 펴냄 2009년 7월 27일

지은이 조지 윌리엄스
옮긴이 이명희
펴낸이 박상준
펴낸곳 (주)사이언스북스

출판등록 1997. 3. 24.(제16-1444호)
주소 135-887 서울시 강남구 신사동 506 강남출판문화센터
대표전화 515-2000 팩시밀리 515-2007
편집부 517-4263 팩시밀리 514-2329
www.sciencebooks.co.kr

값 13,000원

ISBN 978-89-8371-940-9 (세트)
ISBN 978-89-8371-957-7 03400

사이언스 마스터스

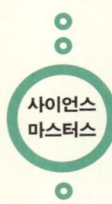

『사이언스 마스터스』를 읽지 않고 과학을 말하지 마라!

사이언스 마스터스 시리즈는 대우주를 다루는 천문학에서 인간이라는 소우주의 핵심으로 파고드는 뇌과학에 이르기까지 과학계에서 뜨거운 논쟁을 불러일으키는 주제들과 기초 과학의 핵심 지식들을 알기 쉽게 소개하고 있다.
전 세계 26개국에 번역 · 출간된 사이언스 마스터스 시리즈에는 과학 대중화를 주도하고 있는 세계적 과학자 20여 명의 과학에 대한 열정과 가르침이 어우러져 있다. 과학적 지식과 세계관에 목말라 있는 독자들은 이 시리즈를 통해 미래 사회에 대한 새로운 전망과 지적 희열을 만끽할 수 있을 것이다.

01 섹스의 진화 제러드 다이아몬드가 들려주는 성性의 비밀
02 원소의 왕국 피터 앳킨스가 들려주는 화학 원소 이야기
03 마지막 3분 폴 데이비스가 들려주는 우주론 이야기
04 인류의 기원 리처드 리키가 들려주는 최초의 인간 이야기
05 세포의 반란 로버트 와인버그가 들려주는 암 세포 이야기
06 휴먼 브레인 수전 그린필드가 들려주는 뇌과학의 신비
07 에덴의 강 리처드 도킨스가 들려주는 유전자와 진화의 진실
08 자연의 패턴 이언 스튜어트가 들려주는 아름다운 수학의 세계
09 마음의 진화 대니얼 데닛이 들려주는 마음의 비밀
10 실험실 지구 스티븐 스나이더가 들려주는 기후 변동의 과학